U1075766

人民防空工程设计丛书

人民防空工程给水排水设计

丁志斌　编著

中 国 计 划 出 版 社

图书在版编目（CIP）数据

人民防空工程给水排水设计/丁志斌编著. —北京：中国计划出版社，2006. 8
（人民防空工程设计丛书）
ISBN 7-80177-688-7

Ⅰ. 人… Ⅱ. 丁… Ⅲ. 人防工程－给排水系统－建筑设计 Ⅳ. TU927

中国版本图书馆 CIP 数据核字（2006）第 058893 号

人民防空工程设计丛书
人民防空工程给水排水设计
丁志斌 编著
☆
中国计划出版社出版
（地址：北京市西城区木樨地北里甲 11 号国宏大厦 C 座 4 层）
（邮政编码：100038 电话：63906433 63906381）
新华书店北京发行所发行
三河富华印刷包装有限公司印刷

787×1092 毫米 1/16 8 印张 195 千字
2006 年 8 月第一版 2006 年 8 月第一次印刷
印数 1—3000 册
☆
ISBN 7-80177-688-7/TU · 440
定价：20.00 元
（内部发行）

《人民防空工程设计丛书》编审人员名单

主　　编： 李刻铭　李建民　吴　涛

编写人员：（按丛书顺序，排名不分先后）

杨延军　吴　涛　曹继勇　马吉民　丁志斌
方志刚　邢建春　周壁华　李建民　谢金容
张尚根　朱培根　任俊宏　石立华　王　平
耿世彬　崔陈华　王双庆　杨启亮　李刻铭
郭春信　刘　广　徐其威　王春明　梁德新
唐友怀　陈　彬　高　成　戴佑斌　顾建新

主　　审： 吴步旭　太史功勋　常守民

审查人员：（按丛书顺序，排名不分先后）

朱忠吉　王年桥　刘新宇　常守民　余有山
陈松华　吴步旭　袁正如　尧　勇　杨盛旭
刘凤田　杨腊梅　程宝义　缪小平　郭春信
郭海林　王金全　周壁华　石立华　太史功勋
李建民　吴　涛　丁志斌　邢建春　李刻铭
杨延军　曹继勇　马吉民　王　平　方志刚

编写单位： 解放军理工大学工程兵工程学院

协编单位： 江苏高科应用科学研究所

序

改革开放以来，城市地下空间的开发与利用越来越受到人们的重视，人们对城市综合防灾抗灾、防空袭能力的要求也越来越高。随着我国国民经济的高速持续发展，城市建设规模和建设水平不断地提高，作为与经济建设协调发展、与城市建设相结合的人民防空工程建设，尤其是人民防空地下室工程的建设将得到空前的发展。

由于种种原因，有关人民防空工程设计和管理方面的专业图书资料很少。在中国计划出版社的大力支持下，全国唯一培训人防工程专业人才的解放军理工大学工程兵工程学院，依靠自身优势和专业特点，结合当前人防工程建设发展的实际需要，以及近年来我国人防科研成果及相关文献资料，根据学院及相关单位长期从事人防工程教学、设计及工程实践所积累的经验和成果，从人民防空工程的概论、建筑、结构、通风空调、给水排水、电气、智能系统以及电磁脉冲防护等八个方面，全面系统地论述了人防工程的基本概念、设计原理、设计方法和设计要求，这是我国第一套有关人民防空工程设计方面的专业丛书。

相信这套丛书的出版对我国人防工程的建设将起到积极地推动作用，对人防工程设计、审查和管理的相关工程技术人员，是一套不可或缺的实用工具书，也是一套高校人防工程专业不可多得的实用设计教程。

中国工程院院士 钱七虎

二〇〇六年六月二十六日

前　言

近年来，随着我国国民经济高速、持续地发展，城市建设的规模和水平不断地提高，城市地下空间的利用越来越受到人们的重视。与此同时，人们对城市防灾抗灾、防空袭的认识也不断地增强，我国人民防空事业也进入了自二十世纪六七十年代以来的第二个蓬勃发展的高潮，作为人民防空事业物质基础的人民防空工程（简称人防工程），特别是作为城市人防工程重要组成部分的人民防空地下室的建设总量和规模不断地增大，建设水平也不断地提高。

由于人防工程设计的特殊性和专业性，要设计出“防护可靠、经济合理、平战两用”的人防工程就要求设计人员掌握必要的人防工程设计专业知识。由于历史的原因和涉密方面的限制，目前供从事人防工程设计和管理人员使用的专业图书资料很少，这也给防空地下室设计和设计审查管理人员带来了很大的困难和诸多不便。

根据建设部“2005 年工程建设标准规范制订、修订计划（第一批）”和国家人民防空办公室“人民防空科学技术研究第十个五年计划”的要求，按照 2003 年新修订的“人民防空工程战术技术要求”，人防工程设计规范进行了全面修订，《人民防空工程设计规范》GB 50225—2005 和《人民防空地下室设计规范》GB 50038—2005 自 2006 年 3 月 1 日正式颁布实施，它们代表了我国在人防工程建设方面的最新研究成果。

本套丛书以上述两本设计规范为主要依据，结合当前人防工程建设发展的实际需要，汲取了国内外先进的科研成果和有关文献资料，将解放军理工大学工程兵工程学院长期从事人防工程教学、科研、设计及工程实践的经验与体会加以整理归纳，从概论、建筑、结构、通风空调、给水排水、电气、智能系统以及电磁脉冲防护等八个方面，即《人民防空工程概论》、《人民防空地下室建筑设计》、《人民防空地下室结构设计》、《人民防空工程通风空调设计》、《人民防空工程给水排水设计》、《人民防空工程电气设计》、《人民防空工程智能化系统设计》和《人民防空工程核电磁脉冲防护设计》（该册已由国防工业出版社出版），全面、系统地论述了人防工程的基本概念、设计原理、设计方法和设计要求。这套丛书的编写几乎是与上述两本规范的修订同步进行的，许多作者同时也是这两本规范的主编人员。丛书结构清晰，深入浅出，结合人防工程实例，重点阐述了设计原理与方法，所举工程实例都是常见的实际人防工程项目，具有一定的普遍性和针对性，是一套实用性很强的设计指导教程，也是我国出版的第一套有关人民防空工程设计方面的专业丛书。

本套丛书主要面向全国人防工程设计、审查、管理及其他相关工程技术人员，可作为人防工程设计、施工、监理及管理的培训教材，亦可作为人防工程相关专业的本科教材使用，对从事人防工程教学和科研人员具有一定的参考价值。

这套丛书的出版得到了工程兵工程学院许多教员尤其是一批老教授的指导和帮助，学院原院长李金勇少将、人防工程系原系主任金丰年教授给予了许多关心和鼓励，特别是中国工程院钱七虎院士为丛书欣然作序，在此表示由衷的谢意！

本书是《人民防空工程设计丛书》的给水排水设计部分，主要按照现行的《人民防空地下室设计规范》、《人民防空工程设计规范》、《人民防空工程设计防火规范》等相关规范，结合工程实例阐述了人防工程相关给水排水设计方面的设计原理与方法。本书由概论、规范与术语、给水排水系统的防护与原理、给水系统设计、排水系统设计、洗消系统设计、消防给水系统设计、柴油电站给水排水及供油系统设计、人防工程给水排水系统设计综合示例、人防工程给水排水施工图审查与报批等10章内容以及附录“网站给排水论坛”常见人防给排水设计问题解答组成。

本书由丁志斌编著，杨腊梅审阅。另外，本书在编写过程中得到了董五义、尧勇、杨盛序、王敬东等同志为本书的校对、插图、编排等做了大量的工作，在此深表谢意。

由于编者水平有限，错误和疏漏之处在所难免，恳请广大读者批评指正。

编　者

2006年4月于南京

目 录

1 概 论

人民防空是指国家根据国防需要，动员和组织群众采取防护措施，防范和减轻空袭灾害，简称“人防”。国外把保护平民不受战争灾害或自然灾害危害的救助行为，称为“民防”。

1.1 人民防空工程建设

人民防空工程（以下简称人防工程），是战时掩蔽人员、物资，保护人民生命和财产安全的重要场所，是实施人民防空最重要的物质基础。人防工程包括为保障战时人员与物资掩蔽、人民防空指挥、医疗救护等而单独修建的地下防护建筑，以及结合地面建筑修建的战时可用于防空的地下室。

人防工程建设是指人防工程及与人防工程配套的地面附属设施的新建（扩建、改建）、续建、加固改造及有关的工作，是人民防空体系建设的重要内容，是城市人民保障自身安全的可靠手段，也是大多数国家主要的、耗资最大的民防准备活动。

对单个人防工程建设的要求是：防护可靠、保障使用、适于生存。防护可靠是指对空袭的毁伤效应及其次生灾害具有较高的防护能力。保障使用是指人防工程在战时能为其掩蔽的各类人员提供必要的使用条件，如内部空间条件、设备设施条件等。适于生存是指战时人防工程内应有较好的环境条件，如设置通风、给排水和电气等内部设备，以保障人员的生存。

1.2 人防工程的分类分级

1.2.1 人防工程的分类

按施工方法和所在的环境条件，人防工程可分为：坑道式、地道式、掘开式和附建式(见图1-1)。

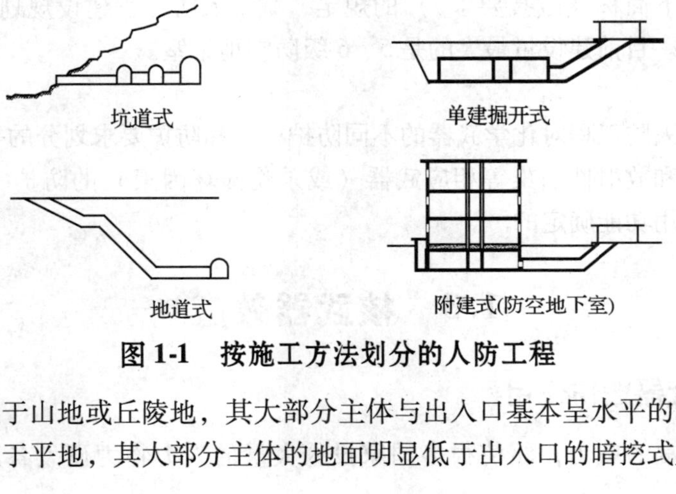

图1-1 按施工方法划分的人防工程

坑道式：建筑于山地或丘陵地，其大部分主体与出入口基本呈水平的暗挖式人防工程。

地道式：建筑于平地，其大部分主体的地面明显低于出入口的暗挖式人防工程。

掘开式：采用明挖施工建造，其上方没有永久性地面建筑的人防工程，也称单建掘开式。

附建式：具有战时防空功能的地下室。其采取明挖法施工建造，而且在其上方建有永久性地面建筑的人防工程。

按战时使用功能，人防工程可分为：指挥通信工程、医疗救护工程、防空专业队工程、人员掩蔽工程和配套工程五大类。

1）指挥通信工程：即各级人防指挥所，是保障人防指挥机关战时能够不间断工作的人防工程。

2）医疗救护工程：即战时为抢救伤员而修建的医疗救护设施。医疗救护工程根据作用的不同可分为三等。一等为中心医院，二等为急救医疗，三等为救护站。

3）防空专业队工程：防空专业队工程是战时保障各类专业队掩蔽和执行勤务而修建的人防工程。根据《人民防空法》规定，防空专业队伍包括抢险抢修、医疗救护、消防、治安、防化防疫、通信、运输七种。其主要任务是：战时担负抢险抢修、医疗救护、防火灭火、防疫灭菌、消毒和消除沾染、保持通信联络、抢救人员和抢运物资、维护社会治安等任务，平时协助防汛、防震等部门承担抢险救灾任务。

4）人员掩蔽工程：战时供人员掩蔽的工程。按照掩蔽人员战时的作用，人员掩蔽工程分为两等。一等人员掩蔽所是指为战时坚持工作的政府机关、城市生活重要保障部门（电信、供电、供气、供水、食品等）、重要厂矿企业的人员提供掩蔽的工程。二等人员掩蔽所是为战时留城的普通城市居民提供掩蔽的工程。

5）配套工程：战时用于协调防空作业的保障性工程，主要有：区域电站、供水站、食品站、生产车间、疏散干（通）道、报警站、核生化监测中心等。

1.2.2 人防工程的分级

（1）抗力分级

人防工程的抗力等级主要用以反映人防工程能够抵御敌人袭击能力的强弱，其性质与地面建筑的抗震烈度有些类似，是一种设防能力的体现。抗力等级按防爆炸冲击波地面超压的大小划分。人防工程抗力等级的确定是由人防主管部门根据国家制定的《人民防空工程战术技术要求》（以下简称《战技要求》）的规定、城市人防工程建设规划以及工程的用途、规模等因素确定的。目前建设量最大的是5、6级防空地下室。

（2）防化分级

防化分级是以人防工程对化学武器的不同防护标准和防护要求划分的等级。防化等级也反映了对生物武器和放射性沾染等相应武器（或杀伤破坏因素）的防护。防化等级是依据人防工程战时的使用功能确定的。

1.3 核武器效应

1.3.1 核武器毁伤作用

核武器具有超常的威力，驱使很多国家投入大量的人力物力研发各种各样的核武器。

美、俄等国家已研发、部署了从炸弹、导弹、巡航导弹、火炮、深水炸弹、地雷、水雷、鱼雷等系列的核武器装备，各自拥有的核弹头总数都达数万件。美国核力量中最先进的俄亥俄级核潜艇，每艘携带24枚“三叉戟”Ⅱ（D-5）型潜射弹道导弹，每枚导弹有8个分导式核子弹头，每个子弹头的爆炸威力为47.5万t TNT当量。这样一艘俄亥俄级核潜艇携带的核弹头总威力为9120t TNT当量，约为第二次世界大战美国在德国和日本投下炸弹总威力的50倍。

核爆炸的发生过程与普通炸药爆炸有相同之处，但核爆炸要比炸药爆炸要烈，一般是在几微秒的时间内完成能量的释放。核反应结束后，便产生了由空气和气态核武器残骸组成的、温度高达数千万度、压力高达上千个大气压的高温、高压气团。核爆炸的同时，核反应过程就向外放出α、β和γ射线以及中子。爆炸后十几秒内出现的中子和γ射线能穿透物体，通常称为“早期辐射”或“贯穿辐射”。

装入核武器中的裂变材料，其裂变产物或未参与裂变的剩余材料，都会向外发射各种射线。这部分核辐射，将在核爆炸后持续相当长的一段时间，通常称为“剩余辐射”。

伴随γ射线产生的还有一种对人员不会造成较大伤害，但对指挥、通信、计算机和信息系统造成干扰或破坏的“电磁脉冲”。

1.3.2 核武器毁伤效应

（1）光辐射

爆炸产生的火球要比太阳亮千万倍。光辐射在大气中能像太阳光线一样直线传播，由于其传播速度快，其损伤作用可以认为是在爆炸瞬时就开始了。传播过程中，其能量会被大气中的气体分子、尘埃等杂质吸收和散射，随距离的增加会很快衰减。它以热脉冲形式向外辐射，持续时间不长。光辐射是引起人员烧伤，造成武器装备、物资、房屋等物质燃烧的主要原因，是引起城市火灾的重要因素。光辐射在遇到不透明物体阻挡时，阻挡物反射并吸收光辐射的能量，人员、物资在战时掩蔽于人防工程内，能有效地避免光辐射的伤害。

（2）冲击波

冲击波通过某点时，会使通过点的压力发生变化，分正压区（压缩区），即使压力高于正常的大气压，以及负压区（稀疏区），即使压力低于正常的大气压。正压作用时间一般为几百毫秒至几秒。负压作用时间一般为几秒至几十秒，这与爆炸的威力及与爆炸点的距离有关。经过冲击波压缩区和稀疏区内两次冲击，房屋、树木宜受损坏。当冲击波遇到山坡或墙面时，要发生反射而使超压值增加。人防工程的临空墙上所承受的超压要大于顶板。

人体可以承受较大的空气压力和水的压力，但要缓慢地增加，使人体能逐渐适应高压环境。如人体可以缓慢潜水至十多米深的水中。但如果快速升、降，人体都难以承受压力的突然增减。核爆炸冲击波的增压、减压作用于人体的时间极其短促，危害很大。

冲击波对人员的损伤称为冲击伤。人体受到突然的超压作用，会引起生理组织的机械性损伤，如耳膜、肺、肠道和心血管等。引起轻中度冲击伤的超压值约为25kPa。这一伤情下，人会感到暂时性的耳鸣和听力下降，头昏、头痛、有紧张感。通常不需要特殊的治疗会恢复。引起中度冲击伤的超压值为44kPa。受到这种伤害，人会有较明显的耳痛、耳鸣、听力减退、轻度肺出血、胸痛、胸闷、短时间不省人事等。发生重度冲击伤的超压值约为

78kPa。人会出现休克、昏迷、气胸或呼吸困难等，超压值大于98kPa，大部分人员会死亡，只有少部分伤员能医治好。

冲击波对建筑的破坏分轻微、中等和严重三个等级。轻微破坏，主要是门窗、瓦屋面等薄弱部位有损坏，主要承重结构个别部位出现裂缝，基本不影响使用；中等破坏，主要是部分承重结构出现较为严重的裂缝或变形，不经过修复不能有效使用；严重破坏，主要是建造物倒塌或虽然没有倒塌，但主要承重结构大部分出现严重裂缝或变形，不能使用且失去修复的价值。地表水厂轻微、中等、严重破坏的地面超压值分别为20、30、40kPa。

（3）早期核辐射

核爆炸产生的辐射，基本上是直线传播的，但它在与空气中的各类物质碰撞时，会改变方向，产生散射辐射，如在障碍的背面也会受到辐射。人体受辐射损伤的程度主要取决于辐射剂量。人员受早期核辐射照射超过一定剂量后，会得急性放射性病。早期核辐射随离爆心距离的增加会迅速减小，且比光辐射和冲击波毁伤的范围要小得多。

中子弹通过特殊设计，减弱了冲击波、光辐射的杀伤作用，也减轻了放射性沾染的危害，但增强了中子的杀伤作用，它对杀伤敌方坦克和装甲车辆内的乘员很有效。

电子系统中的一些电子元、器件，在早期核辐射的作用下，可能使材料的电参数发生变化。从而改变原来的正常工作状态或受到干扰，严重时可能烧毁电子器件。

（4）核电磁脉冲

电磁脉冲是一种很强的随时间变化的电磁场。其持续时间在毫秒至几百毫秒之间，虽只占总爆炸的能量极少部分，但场强大，传播范围可达上千千米。核电磁脉冲具有很宽的频谱，范围可从非常低的频率到几百兆赫。核电磁脉冲携带的能量可以通过电缆、天线或其他金属导体耦合到与这些传播件相连接的电气和电子设备上，使之产生很强的电流和很高的电压。可使电力、电子系统、电子设备受到损伤或破坏。人防的指挥通信工程，为保障通信、电力等设备的正常运行，对进出金属管线做隔断处理或做加强反射、接地等屏蔽处理。

（5）放射性沾染

放射性沾染的来源主要有三个方面，一是核爆炸产生的裂变产物。二是感生放射性，主要是早期核辐射中的中子，特别是能量较低的中子，极容易被空气中的氮和氧，土壤中的铝、锰、铁等物质吸收，这些物质吸收中子后，会变成放射性物质，称为“感生放射性”。三是没有参加裂变的核武器装料（铀或钚），其半衰期很长。

在爆炸的高温火球中，这些物质都被气化，在温度降低后会凝结成各种规格的放射性微粒。放射性沾染区，按其沾染程度和范围，分为爆区沾染区和云迹区沾染区。烟云中直径小于几微米的放射性颗粒，可以在空中漂浮很长时间，并随着高空风环绕全球运动，逐渐地降到近地面空间，形成远区和全球性的放射性沾染。

爆区是指爆心投影点附近几千米范围以内的沾染区。地爆时沾染区沾染严重，空爆爆区沾染相对较轻。云迹区的延伸方向和距离，取决于由地面到烟云底部的合成风的方向和风速，风速越大云迹区就越长。云迹区的宽度取决于风向的稳定性。地爆时，云迹区沾染严重，而且范围很广。几万吨TNT当量的爆炸，可以沾染几千平方千米的范围。空爆时，由于云层中的粒子很小，短时间内难以沉降，一般不形成云迹区。烟云中的放射性可造成全球性的污染。

地爆爆区和云迹区的剂量率衰减，近似服从“六倍规律”，即爆后时间每增加6倍，剂量率降低到原来的1/10。

放射性沾染对人员的危害特点是，范围广、途径多样、影响时间长。可忽略瞬时的杀伤作用，但对环境及人员健康的影响大。放射性沾染可通过污染饮用水、食物等途径进入人体，造成内辐射损伤。还可通过外辐射途径对人员造成外辐射损伤。

在核战争爆发时，被袭击地区的地表水是会被放射性沾染污染的。目前，城市自来水厂多数以地表水为水源，在设备房及处理构筑物的结构设计上没有考虑对冲击波的防护，水处理常规的混凝、沉淀、过滤、消毒工艺对放射性沾染有一定的去除效果，但不能保证水质符合生活饮用标准。因此，对没有可靠内水源的人防工程需要在人防工程内部贮存足够的生活饮用水。

（6）综合毁伤

核爆炸产生的五种杀伤破坏因素，对人员和物资所起的损伤和破坏作用不同。但在实战中，人员和物资受到的损伤和破坏，往往是受多种毁伤因素综合作用的结果，并且几种因素相互间会加重毁伤作用。日本广岛、长崎遭核袭击后，一些受到冲击波和光辐射损伤的人员，没有立即死亡，但后来又受到核辐射的作用而死亡。后期死亡的人员多数是由于核辐射的作用。

1.3.3 核武器毁伤效应的防护

核武器具有巨大的毁伤能力，人防工程对保护战时人员和物资安全有着重要作用。主要可在以下几个方面进行防护：

（1）核袭击前的预警工作

在核袭击前能及时预警，使人员尽快就近进入人防工程内，同时人防工程的内部设备系统迅速做好防护的准备，能有效地保护人员免受核袭击的冲击波、光辐射、早期核辐射的直接伤害。

人防等有关部门要建立完善的核监测组织及畅通的通信、报警网络。重要的人防工程要建设独立的核报警系统。

人防有关部门要搞好人防工程的建设规划和人防工程建设的落实。通过防空袭演练，组织好人员的疏散路线，培训人员掌握工程防护器材的使用，教育居民核袭击个人防护的基本知识。这都有利于减少战时人员的伤亡。

（2）人防工程的防护作用

核爆炸对人员直接的杀伤主要是：冲击波、光辐射、早期核辐射。对于光辐射，迅速进入人防工程内，或躲到建筑物、树木等任何有一定结构强度的构筑物后，均可以减少光辐射。

对冲击波的防护，主要靠增加结构的强度。广岛、长崎的核爆炸表明，采用钢筋混凝土的墙和构梁结构，具有很强的抗冲击波的能力（表1-1）。虽然这类建筑的内部可燃物体可能被光辐射等引燃起火烧坏，但其外部墙壁破坏轻微。新建的人防工程都是采用混凝土结构，其结构强度按照设定的防护等级换算的等效静荷载计算。

表 1-1　广岛遭核袭击后 60 天幸存人员烧伤统计

距爆心投影点（km）	掩蔽情况		
	室外未掩蔽	室外掩蔽	室　内
0～0.5	—	66.6	12.5
0.5～1.0	100.0	50.0	15.7
1.0～1.5	100.0	34.7	16.6
1.5～2.0	98.1	6.3	17.5
2.0～2.5	99.0	46.0	8.8
2.5～3.0	79.0	20.2	8.0
3.0～3.5	38.8	3.4	2.6
3.5～4.0	10.0	0	0

早期核辐射传播速度快，看到核爆闪光后再做防护的效果不明显，应以预防为主。早期核辐射有散射效果，在障碍物的背面也可遭到散射辐射，主要靠物体整体遮挡。早期核辐射有一定的穿透能力，但在穿透的过程中，强度会衰减。不同的物体对早期核辐射消弱的能力不同，“十分之一厚度”指早期核辐射通过物体时将辐射强度减弱到原来的 1/10 时的物体厚度值。如对 γ 射线，土壤的“十分之一厚度”约为 50cm，混凝土为 33cm，铁为 10cm。有不少防空地下室的围护结构的上部，在平时露出地面，为提高防早期核辐射效果，需要对露出地面的部分，外围堆土。

对放射性沾染的防护，人防工程主要靠屏蔽防护。屏蔽体的防护效果，可用消弱系数 F 表示，即屏蔽体外 γ 辐射强度与屏蔽体内部 γ 辐射强度的比值（表 1-2）。覆土 1.2～1.5m 的人防工程，F 值可大于 1000。大型公交车 F 约为 2。

表 1-2　不同建筑物对 γ 的消弱系数

名　称		消弱系数 F
地下室	大型建筑或多层楼房	10～100
	民房或砖木住宅	10～100
半地下室	多层楼房	34～54
	砖木住宅	29～44
楼房	一层	10～20
	二层	20～30
	多层楼的中间层	30～100
	顶层	5～10
砖平房		3～10
木屋或轻型建筑		1.5～3

当战时在外部有放射性沾染，外部人员需进入人防工程内时，需要利用设置在出入口的洗消装置，对人员进行全身或局部的洗消。为了提高效果，可以在洗消的水中加各种洗涤剂。

为防止放射性沾染通过人防工程的进风系统进入工程内部，可以采取短时间内不进新风的隔绝通风方式，或在新风管路上设置多道过滤装置，将空气中的放射性沾染尘埃等过滤掉。

1.4 化学与生物武器

化学武器是一类大规模杀伤性武器，是指利用化学物质的毒性以杀伤有生力量的各种武器和器材的总称。生物武器也属大规模杀伤性武器，是指生物战剂及其施放器材的总称，生物战剂一般是指使人畜致病的微生物（细菌、病毒等）或其他生物制剂或毒素。

化学战剂在第一次世界大战中得到首次应用。1915 年，德军为了攻占协约国一方的坚固阵地，采用了“化学战之父”哈伯教授的建议，选用了德国现成的化学工业产品氯气作为毒气，4 月 22 日在 6km 长的阵地上，突然从 5730 个钢瓶中施放了 180t 氯气，这一次袭击，使德军轻松地攻占了阵地。4 月 24 日德军又在另一战场发动了毒气袭击。这两次袭击，共造成协约国方 1.5 万人伤亡，其中死亡 5000 余人，幸存者中有 60% 的人完全失去战斗力，有的人终生残疾。

由于化学武器在第一次世界大战的战场上杀伤能力巨大，战后各国都大力开展化学武器的研制和防护研究。日军在侵华战争中，对我国军民使用了大量的化学武器，在中国正面战场作战中使用化学战剂 2000 次以上，使用化学武器的地点遍及我国的 18 个省、自治区。造成了中国军队中毒人数约 4.7 万人。而在敌后战场，抗日军民中毒人数有 3.3 万人。在日军战败仓皇撤退时，遗留下大量的毒气弹，至今仍不时造成我国人员的伤亡。

1937 年，日本当局批准成立了世界上最大的生物战研究机构——731 部队，最多时工作人员达 3000 多人。日军研究过各种类型的病原菌。日军还丧尽天良地用活人进行试验，至少有 3000 名中国平民及战俘被生物武器杀害。日军在中国实施生物战长达 12 年，至少造成了中国 27 万民众死亡。

国际社会也充分认识到化学、生物武器的危害，1972 年、1993 年，联合国分别签署了《禁止生物武器公约》和《禁止化学武器公约》。与核武器相比，生化武器的研制相对简单，一些恐怖分子也能制造化学毒剂和生物武器的制剂，对社会进行袭击。如 1995 年 3 月，日本奥姆真理教组织在东京地铁内施放沙林毒剂，造成了 12 人死亡，5000 余人被送往医院进行急救治疗。

1.4.1 化学毒剂的分类

化学毒剂按毒害作用可分为六类：

1）神经性毒剂，是现今毒性最强的毒剂，人员中毒后会迅速出现神经系统症状。主要代表有沙林、塔崩、梭曼和维埃克斯等，这类毒剂都含有磷，又称“含磷毒剂”。沙林的吸入半数致死剂量（LCt_{50}）为 70～100mg·min/m^3，皮肤吸收半致死剂量（LD_{50}）为 24mg/kg。维埃克斯的吸入半数致死剂量（LCt_{50}）为 40mg·min/m^3，皮肤吸收半数致死剂量（LD_{50}）

为 0.09mg/kg。

2）糜烂性毒剂，又称起疱剂，是一类接触后能引起皮肤、眼、呼吸道等局部损伤，吸收后出现不同程度的全身反应的毒剂。主要代表有芥子气和路易氏剂等。

3）全身中毒性毒剂，经呼吸道吸入后，能与细胞色素氧化酶结合，破坏细胞呼吸功能，导致组织缺氧的一类毒剂。高浓度吸入可致呼吸中枢麻痹，死亡极快。主要代表有氢氰酸、氯化氢等。

4）窒息性毒剂，又称肺刺激剂，主要损伤呼吸系统，引起急性中毒肺水肿，导致缺氧和窒息。主要代表有光气、双光气等。

5）失能性毒剂，可以引起思维、情感和运动机能障碍，使人员暂时丧失战斗能力的毒剂。这类毒剂的种类繁多，美军主要装备的有毕兹。

6）刺激剂，接触后对眼和上呼吸道有强烈的刺激作用，能引起眼痛、流泪、喷嚏和胸痛的一类毒剂。主要代表有苯氯乙酮、亚当氏气、西埃斯和西阿尔。

1.4.2 生物战剂的分类

生物战剂按危害程度分为失能性生物战剂和致死性生物战剂。一般把致死率在 10% 以下的生物战剂列为失能性生物战剂，如委内瑞拉马脑脊髓炎病毒、立克次体、葡萄球菌肠毒素等。这类战剂能使大批人员失去活动能力，迫使对方消耗大量的人力、物力。病死率超过 10% 的生物战剂列为致死性生物战剂，如肉毒素、黄热病毒、鼠疫杆菌等。

按是否有传染性分为传染性生物战剂和非传染性战剂。传染性生物战剂，可通过病人的呼吸道、消化道等排出体外，引起健康人感染发病，如天花病毒、流感病毒、鼠疫杆菌、霍乱弧菌等微生物属于传染性生物战剂，主要用于攻击敌人的战略后方。非传染性生物战剂，不能从病人体内排出传染，如布鲁氏杆菌、肉毒素杆菌等，适用于攻击与己方距离较近的部队、登陆或空降作战前的对方阵地。

按潜伏期可分为长潜伏期与短潜伏期两类，如 Q 立克次体进入人体后，要经过 2～3 周方能发病，属长潜伏期生物战剂。葡萄球肉毒素经呼吸道吸入中毒后，2～4h 即可发生症状，属短潜伏期生物战剂。

1.4.3 人防工程对生物化学武器的防护

现代化学毒剂的使用，需要利用一定的技术将其分散成气溶胶颗粒，与空气充分的混合，使空气、水源、地面染毒，经呼吸道、皮肤、眼、口等途径引起人员中毒。2～10μm 是最佳的分散范围。

生物武器的攻击目标，通常是城市、工业中心、交通枢纽、重要军事设施以及集结地区等战略目标，极少用于战术目标。生物武器使用时极难发现，其危害范围也极难确定，这是因为生物战剂多具有传染性，可在长时间内蔓延传播。生物战剂的使用方式包括气溶胶使用、生物媒介传播以及直接撒布等方式。但气溶胶使用已成为现代生物战剂军事使用的主要方式。生物战剂被分散成气溶胶悬浮于空气中，有利于生物战剂的扩散，也有利于使人员通过呼吸直接吸入生物战剂。媒介传播主要是利用昆虫与动物如蚊、蚤、蝇、鼠等携带炭疽杆菌、鼠疫杆菌等进行传播。

人防工程对生化武器的防护，一是要维持清洁区内的密闭性，防止含有生化战剂气溶胶的空气，通过与工程外部连通的管道或管道穿围护结构、密闭隔墙的缝隙进入工程内部，污染工程内的清洁空气；二是要在通风设备上，保障工程有一定的超压，即工程内部的压力略高于外部的压力，使外部空气不易渗入；三是要有可靠的空气过滤与毒气吸收装置；四是有可靠的洗消设备，在外部染毒时，对进入工程内的人员进行洗消。此外，一些重要的人防工程还需要设置毒剂报警、分析的设备和仪器。

在战时生物化学战剂还会污染水源，对化学战剂污染的水源，采用通常的煮沸方式多数还难以达到理想的消毒效果。人防工程内部需要贮存一定量的生活饮用水，以保障战时的基本生活需要。

2 规范与术语

2.1 常用设计规范及资料

人防工程必须依据人防工程设计的有关规范和标准进行设计。这些规范、标准主要有：

1）《人民防空工程设计规范》GB 50225；

2）《人民防空地下室设计规范》GB 50038；

3）《人民防空工程防火设计规范》GB 50098；

4）《人民防空指挥工程设计标准》RFJ 1。

除要遵守人防工程设计的专业规范外，还必须遵守国家颁发的现行建筑工程设计的有关规范。常涉及的规范有：

1）《建筑给水排水设计规范》GB 50015；

2）《高层民用建筑设计防火规范》GB 50045；

3）《汽车库、修车库、停车场设计防火规范》GB 50067；

4）《自动喷水灭火系统设计规范》GB 50084；

5）《建筑灭火器配置设计规范》GB 50140；

6）《生活饮用水卫生标准》GB 5749；

7）《综合污水排放标准》GB 8978；

8）《给水排水制图标准》GB/T 50106。

在设计中还需要关注施工及验收规范中的一些特殊要求，常涉及的相关规范有：

1）《建筑给水排水及采暖工程施工质量验收规范》GB 50242；

2）《自动喷水灭火系统施工及验收规范》GB 50261；

3）《人民防空工程施工及验收规范》GB 50134。

此外，设计中常用的参考性资料、图集有：

1）《全国民用建筑工程设计技术措施——防空地下室》2003；

2）《防空地下室给水排水设计示例》04FS01；

3）《防空地下室给水排水设施安装》04FS02；

4）《〈人民防空地下室设计规范〉图示——给水排水专业》05SFS10。

规范的使用上，要特别注意以下几点：

1）引用规范的最新版本。规范制定和颁布后，规范编写组需要收集、跟踪规范实施过程中出现的问题，总结经验教训，充分吸收最新的研究成果，定期对规范中不够完善的地方做修订。设计人员在设计说明中引用的规范，要避免引用过期的版本号，这会成为施工图审查中必提的问题。

2）特别注意列入国家《工程建设强制性条文》中的内容。强制性条文是为了保障建设工程的安全而规定的必须严格执行的条文，是各级审查的重点。如果审查设计图纸中违反性条文过多，严重的会影响设计单位的设计资质。

3）注意对要求严格程度不同的表述，一般按以下词语进行表述：表示很严格，非这样做不可的用词，正面词采用“必须”，反面词采用“严禁”；表示严格，在正常情况下均应这样做的用词，正面词采用“应”，反面词采用“不应”或“不得”；表示允许稍有选择，在条件许可时首先应这样做的用词，正面词采用“宜”，反面词采用“不宜”；表示有选择，在一定条件下可以这样做的，采用“可”。条文中指明应按其他有关标准、规范执行时，写法为一般为“应按……执行”或“应符合……的规定”；可按其他有关标准、规范执行时，写法为“可按……的规定执行”。

4）处理好节约造价与执行规范的矛盾。在满足建筑的基本功能的情况下，尽可能节约工程设计的造价是工程师的一种基本职业道德。在人防工程设计中，有些规定、要求是为了防护、密闭等目的而提出的，不能纯粹从经济性方面考虑，而不执行有关规定。

2.2 常用术语

1）**甲、乙类防空地下室**。甲类防空地下室是指战时能抵御预定的核武器、常规武器、化学武器和生物武器的袭击的防空地下室。乙类防空地下室是指能抵御常规武器、化学武器和生物武器的袭击的防空地下室。甲、乙类防空地下室的主要区别在于甲类防空地下室设计应考虑防核武器，对防早期核辐射的要求不同。

2）**防空地下室**。具有预定战时防空能力的地下室。地下室系指房屋中室内地面低于室外地面，且其高差超过房间净高一半的楼层。

3）**主体**。能满足战时防护功能及其主要功能的部分。对有防毒要求的工程，如指挥所、人员掩蔽工程、医疗救护工程等指工程内最后一道密闭门以内的部分。对无防毒要求的工程（如汽车库）中指防护密闭门以内的部分。

4）**口部**。指主体与地表面、室外或其他地下建筑的连接部分。对有防毒要求的工程，其口部指最后一道密闭门以外的部分，如竖井、扩散室、密闭通道、防毒通道、洗消间（或简易洗消间）、除尘室、滤毒室和出入口防护密闭门以外的通道。

5）**清洁区**。指能抵御预定的爆炸动荷载作用，且满足防毒要求的区域。

6）**染毒区**。指能抵御预定的爆炸动荷载作用，但允许染毒的区域。口部为染毒区，存放防空专业队使用的车库无防毒要求，均为染毒区。

7）**防护单元**。在人防工程中，其防护设施和内部设备均能自成体系地使用空间。除人防指挥工程外，一般人防工程在结构设计上均按非直接命中考虑。为了提高人防工程的生存概率，对于一些面积比较大的工程，需要按照人防工程设计的有关规定，划分防护单元。这样如果一个防护单元被直接命中而损坏，不会影响其他防护单元的正常使用。防护单元划分过多，能提高生存概率，但会增加造价。防护单元的防护设施及内部设备必须自成体系，否则，一个防护单元被破坏后，不能保证其他防护单元正常发挥防护功能。各防护单元要有独立的给水排水系统。

8）**抗爆单元**。在防护单元中，用抗爆隔墙分隔的使用空间。抗爆隔墙的主要作用是减小人防工程被炮弹直接命中后弹片的杀伤作用，减少伤亡。防空地下室的抗爆隔墙多是临战前构筑。

9）**人防围护结构**。人防工程中承受空气冲击波或土中压缩波直接作用的顶板、墙体和底板的总称。

10）**临空墙**。一侧直接受空气冲击波作用，另一侧不接触岩、土的墙体。临空墙由于受冲击波的直接作用，且冲击波作用在垂直墙体上有反射增强的效应，因此，需要承受较大的荷载。此外，该类墙体的一侧直接是室外染毒区，人防工程的各类管道应尽量避免穿越临空墙。

11）**外墙**。一侧与室外岩土接触的墙体。

12）**防护单元隔墙**。简称单元隔墙，系指相邻防护单元之间的防护密闭隔墙。

13）**主要出入口**。战时空袭前、空袭后，人员或车辆进出较有保障，且使用较为方便的出入口。主要出入口应设置必要的防护设施和洗消设施，以便在空袭前后保障人员、车辆进出方便。主要出入口并不一定是工程的最宽敞的出入口，应以满足战时使用要求和防护要求为前提。

14）**次要出入口**。战时供空袭前使用，在因空袭使出入口遭破坏（如地面建筑倒塌、外部出口倒塌被封堵）时，可不使用的出入口。次要出入口在设计上可不考虑防堵塞措施。一个人防工程或一个防护单元可根据需要设一个或多个次要出入口。次要出入口不设置人员进出的洗消设备。

15）**备用出入口**。战时一般情况下不使用，当其他出入口遭破坏、堵塞时应急使用的出入口。备用出入口一般结合通风竖井设置，在战时不易被破坏、堵塞。

16）**直通式出入口**。防护密闭门外的通道在水平方向上没有转折通至工程外部地面的出入口。

17）**单向式出入口**。防护密闭门以外的通道在水平方向上有垂直转折，并从一个方向通至工程外部地面的出入口。

18）**穿廊式出入口**。防护密闭门外的通道出入端从两个方向通至工程外部地面的出入口。该出入口可减少地面冲击波对口部防护设备的反射增压效应，最有利于防护。

19）**连通口**。系指人防工程与其他地下建筑（包括人防工程）相连通的出入口。

20）**单元间连通口**。系指人防工程内部相邻防护单元之间的连通口。

21）**防护密闭门**。既能阻挡冲击波又能阻挡毒剂通过的门。防护密闭门一般包括门扇、门框墙、铰页、闭锁、密闭胶条等构件。其各构件的作用除具有密闭的作用外，还具有防冲击波的作用，即门扇和门框墙还具有承受冲击波反射压力的作用，闭锁和铰页还具有承受冲击波负压的作用。防护密闭门一般作为人防工程出入口的第一道门。

22）**密闭门**。能够阻挡毒剂通过的门。密闭门的组成与防护密闭门相似，密闭门的作用只是阻挡毒剂通过，不具有阻挡冲击波的功能。密闭门一般设于防毒通道上，或其他需要分隔清洁区和染毒区处。

23）**消波设施**。设在进风口、排风口、柴油电站排风口用来消弱冲击波压力的防护设施。消波设施一般包括，冲击波到来时能自动关闭的防爆波活门和利用空间扩散作用消弱冲击波压力的扩散室或扩散箱。通过消波作用，使冲击波压力减弱至设备能安全运行，人员能承受的程度。

24）**滤毒室**。装有通风滤毒设备的专用房间。

25）**防毒通道**。由防护密闭门与密闭门之间或两道密闭门之间所构成的具有通风换气条件，依靠超压排风阻挡毒剂侵入工程内清洁区的空间。在室外染毒的情况下，允许人员出入该通道。防毒通道设在战时的主要出入口。

26）**密闭通道**。由防护密闭门与密闭门之间或两道密闭门之间所构成的，并仅依靠密闭隔绝作用阻挡毒剂侵入工程内清洁区的空间。在室外染毒的情况下，不允许人员出入该通道。防毒通道设在战时的次要出入口。

27）**洗消间**。供染毒人员通过和清除全身有害物的房间。通常由脱衣室、淋浴室和检查穿衣室组成。

28）**简易洗消间**。供染毒人员清除局部皮肤上有害物的房间（或通道）。

29）**物资库**。用于战时储存粮食、食品、衣被、日用品和医药用品等物资的人防工程。

30）**过滤吸收器**。设置在进风系统中的一种设备，是精滤器与滤毒器合为一体的过滤器。它能同时滤除空气中的有害气体、蒸汽及气溶胶。

31）**密闭阀门**。设置在通风管上的用来保障通风系统密闭和改变通风方式的阀门。

32）**自动排气阀门**。依靠阀门两侧空气的压差作用自动启闭的排气阀门。对于具有抗冲击波能力的自动排气阀门，称为防爆自动排气阀门。

33）**防化值班室**。在设有滤毒通风的人防工程内设置的用于防化监测、取样化验，并具有空气自净能力的工作房间。

34）**战时通风**。保障防空地下室战时功能的通风。包括清洁式通风、滤毒式通风、隔绝式通风三种方式。

35）**清洁式通风**。室外空气未受毒剂等污染时的通风。

36）**滤毒式通风**。室外空气受毒剂等污染，需经特殊处理时的通风。

37）**隔绝式通风**。室内外停止空气交换，由通风机使室内空气实施内循环的通风（又称隔绝式防护）。

3 给水排水系统的防护与原理

3.1 防爆波阀门的结构及原理

防爆波阀门安装在战时需要始终保持与工程外部连通的管段上。其结构如图 3-1 所示。其工作原理是在正常情况下，阀门处于常开状态，阀板受弹簧支撑，与阀座保持一定距离，使水能正常畅通。当工程外部有冲击波通过管道传入时，由于压力激增，水作用在阀板前端压力突然增大，阀板前后产生压差，当压差超过弹簧的张力时，弹簧被压缩，阀板关闭，冲击波被挡在阀板以外，保护防爆波阀门后的管段免受冲击波作用。为消减阀板前压力的急增，阀的外环设有空气消波室，水被引入消波室后，可以减小水击的破坏作用。当冲击波消失后，阀板前压力减小，在弹簧张力的作用下，阀板回到正常的位置，保障水的畅通。目前国内有很多厂家生产防爆波阀门，基本原理是相同的。

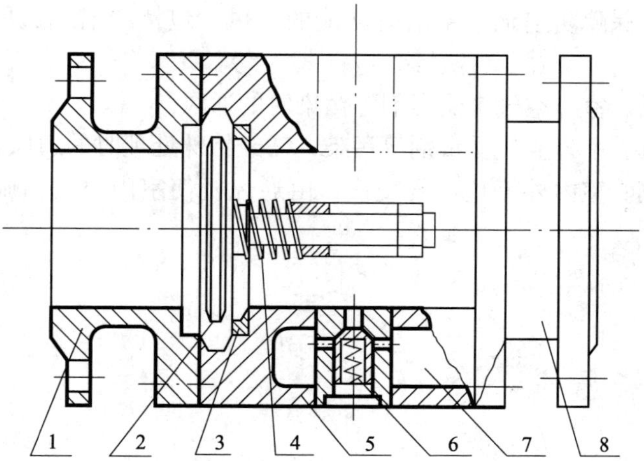

图 3-1 防爆波阀门结构示意图

1—前法兰；2—阀板；3—阀座；4—主弹簧；
5—阀体；6—消波装置；7—排压室；8—后法兰

注：公称压力 0.5 ~ 1.0MPa；使用介质为无腐蚀性水，悬浮物含量小于 25mg/L；水温：0 ~ 80℃。

防爆波阀门设计、安装的主要注意事项是：

1）注意阀门安装的方向性。阀门上有指示水流流动方向的箭头，如安装反了，冲击波到来时，阀板就回不到阀座，起不到阻断水流的作用。

2）防爆波阀门的安装要尽可能靠近工程的围护结构。目的是减少冲击波在工程内部管段内的传播距离。

3）对于坑道式工程，防爆波阀门一般安装在第一道防护密闭门与第二道密闭门之间的防毒通道内。当设地沟时，防爆波阀门安装在地沟内。不设地沟时，设置阀门井。地沟及阀门井需要设活动盖板，以便阀门的检修。

4）防爆波阀门没有截断水流的作用，需要增设控制阀门以便对防爆波阀门的维修。

5）避免在污水管道上使用。污水管道中杂质较多，容易与防爆波阀门中的弹簧缠在一起，使弹簧不能正常动作。此外，污水的腐蚀性较强，容易使弹簧腐蚀。

6）战时不需要使用的管道，如供平时使用的消防给水管等，宜用普通闸板阀替代防爆波阀门。这些管道可在临战前全部用阀门关闭，截断与外部的连通，可避免冲击波及毒气的进入。

7）规格较大的防爆波阀门要设置支撑的支架。

8）需要定期的维护保养。

3.2 普通闸板阀抗冲击波性能试验

防爆波阀门的优点是能保障给水系统与外界一直连通，不需要临战前关闭。但其结构比较复杂、维护的难度大，多数人防工程在临战前将水贮存在工程内的水池或水箱中，不需要一直与外界连通，可以用普通闸阀替代防爆波阀门。下面介绍相关的试验结果。

闸板阀埋入土中，闸板阀一端接管至地面，管口敞开。冲击波由管口进入管中，管内靠近闸板阀入口处安装了测压仪器，闸板阀抗冲击波性能试验资料如表3-1、表3-2。

表3-1 闸板阀抗冲击波试验强度及结果

试验方法	阀门型号与直径（mm）	试验达到的峰值压力（MPa）	爆后情况
模爆器试验	Z44T－10 DN＝50	7.44	完好
地爆试验	Z44T－10 DN＝100	>10	完好

表3-2 闸板阀抗冲击波试验成果表

试验设备名称	试验峰值压力（MPa）		设备最大理论计算值（最弱部位）（MPa）	推荐使用压力（MPa）
	效应试验	模爆器试验		
闸板阀 Z44T－10 DN＝40～100mm	>10.0	7.44	6.92	3.6

注：1. 闸板阀完好，理论计算值为DN＝100mm盖垫片强度；
2. 表中提供的数据为新的设备实验实测值和根据工厂设计图的理论计算值；
3. 关于"推荐使用压力"，是考虑了工程安装使用过程中，材料缺陷、生产误差、施工质量、使用锈蚀等影响，并结合目前人防工程抗力等级提出的。在实际应用中，还可以视具体情况，分析研究，区别对待。

工作压力为1.0MPa的阀门，其强度足以保证五、六级防空地下室的安全。一般可采用闸板阀替代。优点是价廉、构造简单，缺点是在战时需人工控制，不能连续供水。

3.3 防爆地漏的结构及原理

防爆地漏是指能防止冲击波和毒剂等进入防空地下室内的地漏。其结构如图3-2所示。

注：A位：地漏处于开启状态（排水）；B位：地漏处于防护密闭状态；需要定期清扫地漏内部杂物，检查密闭垫是否完好。

需要该地漏排水时，使地漏处于开启状态（A位），能保证地漏正常排水。战时空袭报警时，需要该地漏具有防护及密闭作用时，将地漏盖板下降，逆时针旋紧后封闭地漏的排水口（B位），能防止冲击波、毒剂进入防空地下室内部。漏体的水封高度大于50mm，能有效抑制臭气外溢。常用规格有DN50、DN80、DN100、DN150等。

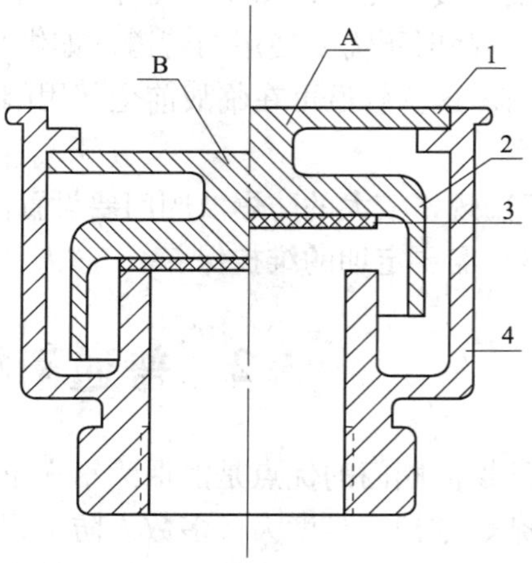

图3-2 防爆地漏结构图

A—地漏处于开启状态（排水）；
B—地漏处于防护密闭状态
1—上盖板；2—下盖板；3—密封垫；4—漏体

防爆地漏构件详见表3-3。

口部密闭门以外需要洗消冲洗的地段及房间，如防毒通道、进风竖井、扩散室均可设防爆地漏。这种地漏平时可作为普通地漏使用或将其关闭；战前将其漏芯密闭，能防止冲击波及有毒气体的进入；警报解除后，染毒地段需要进行清洗时，再将地漏打开，进行排水。

表3-3 防爆地漏构件明细表

件号	1	2	3	4
名称	上盖板	下盖板	密封垫	漏体
材质	不锈钢	不锈钢	耐腐橡胶	HT250

防爆波地漏设计、施工中主要注意的问题是：

1）要分析防爆波地漏安装的位置是否受到冲击波的作用，以及是否与工程内部连通。如设在围护结构以内的地漏且集水池也在围护结构以内，该地漏宜采用普通地漏。

2）合理利用防爆地漏的功能，节约造价。

3）对于防爆地漏的逆向使用问题，目前的防爆地漏均未提供逆向正压作用的测试报告及数据。但从防爆地漏的结构形式分析，其逆向使用在强度是可行的。上盖板是被压紧在下盖板上的，能保证逆向作用的气密性。

4）防爆地漏与排水管的连接，多采用与镀锌钢管丝扣连接。

3.4 管道穿墙的防护密闭措施及原理

给排水管道在穿过人防围护结构及其他有密闭要求的墙时，在穿管处要采取一定的防护密闭措施。

目前，人防管道穿墙套管的做法有：刚性防水套管（图3-3）、加防护挡板防水套管（图3-4）等。

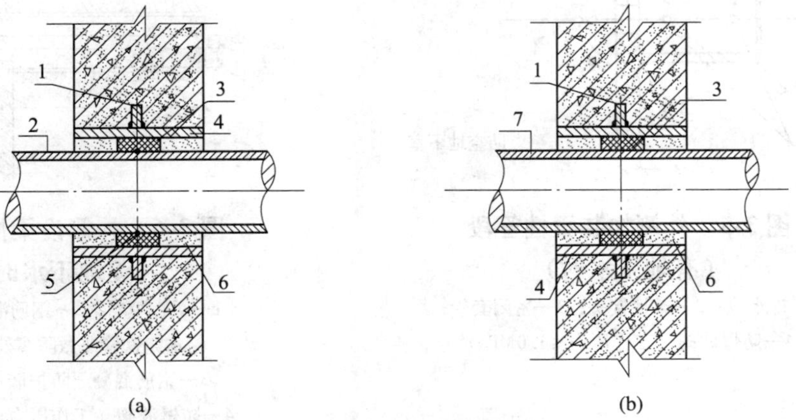

图3-3 刚性防水套管做法示意图

1—翼环；2—钢管；3—油麻；4—钢套管；
5—挡圈；6—石棉水泥；7—铸铁管

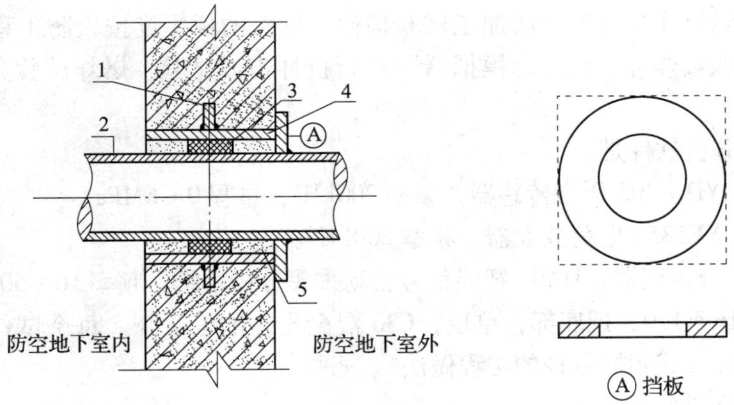

图3-4 加防护挡板防水套管做法示意图

1—翼环；2—钢管；3—油麻；4—钢套管；5—石棉水泥

柔性防水套管适用于管道有振动或管道有受力变形的管道。在人防工程中，主要用于大规格水泵的从水池吸水的吸入管穿池壁处。如果在穿围护结构外墙处，可能存在较大的不均匀沉降，则需要在管道穿墙处的外侧设置一些防不均匀沉降的措施（图3-5、图3-6）。

刚性防水套管是一种传统的密闭措施，其良好的密闭性已在长期的工程应用中得到证明。当管道穿人防围护结构时，这种做法能否承受冲击波的动压作用，国内一直未进行全面的理论与实验研究。因此，为了确保穿管处防护密闭措施的可靠性，近几年推出了刚性密闭套管的做法。

与刚性防水套管做法相比，刚性密闭套管需要增加对穿墙管的焊接道数，且焊接后不好再做防腐处理，存在施工麻烦、不利于管道防腐的缺点。

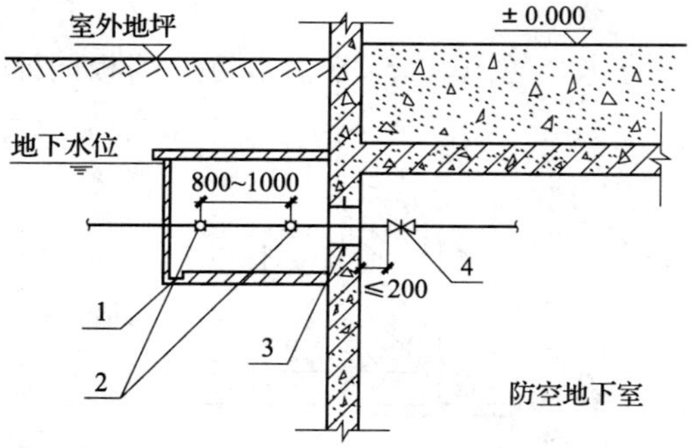

图 3-5　外侧加装柔性管段
（有地下水时）

1—排水位；2—柔性接头；3—密闭套管；
4—防爆波阀（工作压力≤1.0MPa）

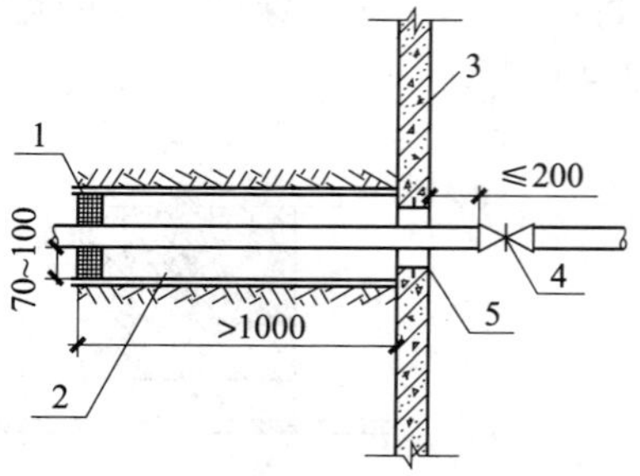

图 3-6　外侧设柔性填料层
（无地下水时）

1—柔性填料；2—钢筋混凝土管或
给水铸铁管或做防腐处理钢管；
3—钢筋混凝土防护墙（外墙）；
4—防爆波阀（工作压力≤1.0MPa）；
5—密闭套管

为验证普通刚性防水套管做法对冲击波的防护能力，解放军理工大学工程兵工程学院和中国建筑标准设计研究院联合进行了“管道穿板做法模拟核爆炸试验”。按照管道穿人防工程围护结构的实际尺寸及施工方法加工试验构件。试件的板厚度按人防工程最薄的250mm墙设计。利用“核爆炸冲击波压力模拟器”进行抗冲击波试验。爆炸试验完成后再对构件进行透水性测试。

试验仪器及分析软件是：

1）传感器：YD－205压力传感器，频率200kHz，量程0～6MPa。

2）放大器：YE5853电荷放大器，频率200kHz。

3）数据采集分析仪器：DASP智能信号自动采集分析系统，频率10～500kHz。

试件配筋Φ16@150，近底部，单层，C30混凝土，加工2个。每个试件上环形布置三种不同的工程做法（或不同管径的工程做法）。

试验的做法分别为：

1）DN80普通防水做法02S404—16；

2）DN100普通防水做法02S404—16；

3）DN150普通防水做法02S404—16；

4）DN150刚性密闭做法04FS02—16；

5）DN100防爆地漏安装2002RS—GJ—03～04。

“普通防水做法”按国家建筑标准设计图《防水套管》02S404—16中，刚性防水套管（A型）安装图（二）施工；“刚性密闭做法”按国家建筑标准设计图《防空地下室给排水设计》04FS02—16刚性密闭套管安装图施工，即对套管加钢挡板；“防爆地漏安装”按人民防空工程大样图集《给水排水工程》2002RS—GJ—03～04中防爆防毒地漏安装图（二）施工。管的下端焊接10mm钢板封堵，模拟管道在人防工程内一侧安装的防护阀门，阻止冲击波进入。

试验共分两个试件，加工两个试验台板。

试件1的板上均匀设置DN100普通防水做法、DN150普通防水做法和DN100防爆地漏安装做法等三种施工方法。试验台板上均匀设置DN80普通防水做法、DN100普通防水做法和DN150刚性密闭做法等三种施工方法。

在核爆炸模拟器内预置一个承托台，将试件吊装到承托台上，在试件下方与承托台之间形成一个密闭空间，可模拟地下室围护结构内未受冲击波作用的一侧情况。混凝土试件表面安装了压力传感器，由数据采集系统采集实时压力，并用专用软件自动分析升压时间、正压作用时间、作用压力等试验参数。

试验的主要结论是对5、6级防空地下室，DN100穿围护结构管道的密闭措施，可以按照图集02S404—16中的刚性防水套管（A型）施工。对于等级更高的人防工程，未开展针对性试验。所以，高等级的人防工程及管径超过DN100的管道穿顶板及临空墙时，需要在刚性防水套管的基础上加防护挡板，按图3-4施工。

3.5 给水排水管材的选择及施工要求

3.5.1 给水管材

人防工程常用的给水用管材有钢管、给水铸铁管及塑料管等。给水铸铁管多用于管径大于100mm的埋地给水管道。

给水常用的钢管有焊接钢管及无缝钢管等。焊接钢管根据钢管的壁厚又可分为普通焊接钢管和加厚焊接钢管两类。普通焊接钢管出厂试验水压为2.0MPa，用于工作压力<1.0MPa的管路；加厚焊接钢管出厂试验水压为3.0MPa，用于工作压力<1.6MPa的管路。无缝钢管适用于工作压力较高的管路。

钢管具有强度高、承受内压力大、抗振性能好、重量比铸铁管轻、接头少、内表面光滑、容易加工和安装等优点。但抗腐蚀能力较差、造价较高。镀锌钢管应使用热镀锌钢管。

钢管的连接方法有螺纹连接、法兰连接、焊接及沟槽式连接四种。法兰除用于法兰阀门连接外，还用于与法兰配件（如弯头、三通等）和设备的连接。法兰连接具有强度高、严密性好和拆卸方便等优点，但焊接的后续防腐处理困难。法兰连接时，盘间应垫以垫片，以达到密封的目的。一副法兰只能垫一个垫片，室内给水工程中常用厚度为3~4mm的橡胶板作为法兰垫片。目前，推广应用较多的消防管道的沟槽式连接，有法兰连接的各项优点，缺点是造价较高。

在人防工程除要求穿人防围护结构的给水管道要采用钢管外，在防护密闭阀门以后的其他给水管道可以用一些卫生条件、水力性能更好的新型管材。这些新型管材可分为：金属材料、热塑料材料、混合式材料。铜管的优点是可塑性高，纯净、天然、无有害添加剂，抗锈蚀能力强，使用寿命长，热胀冷缩系数小，抗高温环境、防火，无论明装或暗装均不宜产生管道破裂渗漏的现象。其他使用的金属材料还有不锈钢管等。

可以使用的热塑性管材主要有：低塑性聚氯乙烯（PVC-U）；氯化聚氯乙烯（CPE）；聚乙烯（PE）；中密度聚乙烯（MDPE）；高密度聚乙烯（HDPE）；交联聚乙烯（PEX）；聚

丁烯（PB）；丙烯-丁二烯-苯乙烯共聚物（ABS）；Ⅲ型聚丙烯和改性聚丙烯（PP-R）。

下面以使用较多的Ⅲ型聚丙烯管材（PP-R）为例，介绍其特点。

它适用于工业和民用建筑冷热水和纯净水系统，是取代镀锌钢管的升级换代产品。产品规格目前有DN20~DN63，压力等级为1.0~3.2MPa。它的优点是重量轻、强度高，密度仅为金属管的1/8，耐压力试验强度达5MPa以上，韧性好，耐冲击；无毒、卫生、不滋生细菌，不锈蚀，不结垢；保温性能好，导热系数仅为0.24W/m^2·K；外形美观，产品内壁光滑，流水阻力小，色彩柔和、造型好；耐高温，在长期连续工作压力下，输送水温可达95℃；使用寿命长，管道系统在正常使用下，寿命可达50年；安装方便，热熔连接管道为无缝整体，无渗漏烦恼；拉伸模量较小，因温度变化产生的膨胀力也较小，故适合采用嵌墙和地坪面层的直埋暗敷方式。

安装要点是：管材与管件连接均应采用热熔连接方式，不允许在管材和管件上直接套丝。与金属管道及用水器连接处必须使用带金属嵌件的管件；热熔连接施工必须使用专用的热熔机具，以保证热熔质量。手持式熔接工具适合于小口径管及系统最后连接，台车式熔接机适用于大口径管预装配连接；熔接施工应严格按规定的技术参数操作，在加热和插接过程中不能转动管材和管件，应直线插入，正常熔接在结合面应有一均匀的熔接圈。

缺点：刚性和抗冲击性能比金属管道差，所以在储运、施工等过程中应注意文明施工，安全生产；线膨胀系数较大，为0.40~0.16mm/(m·K)，在施工中应重视管道的正确敷设、支吊架的设置、伸缩器的选用等；抗紫外线性能差，在阳光下长期直接照射下容易老化。

可以使用的混合式管材主要有：有内搪层的镀锌钢管（低塑性聚氯乙烯/氯化聚氯乙烯/聚乙烯内搪层或环氧树脂涂层）；交联聚乙烯夹铝混合式压力管（PEX-AL-PEX）；高密度聚氯乙烯夹铝混合式压力管（HDPE-AL-HDPE）。

这类管材在钢管内壁喷涂或熔融一层厚度为0.5~1.0mm的塑料。常用的内壁材料有：聚乙烯（PE）、乙烯-丙烯酸共聚物（EAA）、环氧（EP）粉末喷涂；无毒聚丙烯（PP）或无毒聚氯乙烯（PVC）衬塑和注塑。

人防工程内部给水管材的选用还宜结合当地给水管材的供应情况、建设单位对卫生及经济性的要求、施工质量的可靠性等因素综合考虑。

3.5.2 排水管材

人防工程常用的排水管材有：排水铸铁管、给水铸铁管、硬聚氯乙烯排水管、混凝土管、钢筋混凝土管和钢管。生活污水管道一般采用排水铸铁管或硬聚氯乙烯排水管。

人防工程内的排水管，主要分为三类：

第一类是生活污水泵、雨水排水泵等水泵的压力排水管。这类管道多数要穿越人防的围护结构，管道上需要安装阀门，可以使用给水铸铁管、机制排水铸铁管或热镀锌钢管。

第二类是埋地的、出人防围护结构的自流排水管，多数是收集口部洗消废水的排水管。当排水管与工程外部连通时，管道要承受一定的冲击波作用，其排水口多采用防爆地漏或清扫口，与其连接的排水管宜采用镀锌钢管，便于施工。

第三类是在人防工程围护结构内敷设、不与工程外部连通、工程内部局部敷设的排水管。此类排水管在人防工程中使用最多。如果敷设在结构底板垫层内或为明装管道，宜采用非金属管。如敷设在结构底板中，应使用强度较高的金属管。由于人防工程底板中的钢筋较密，在底板中敷设的管道不宜太长，以免不好控制坡度。在结构底板下敷设时，要使用混凝土包裹排水管。

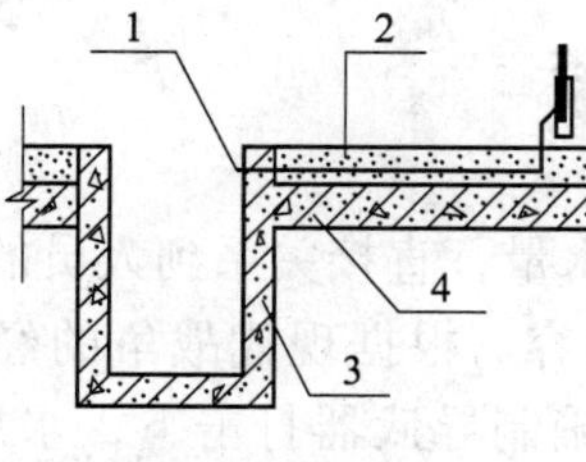

人防围护结构以内敷设的排水管

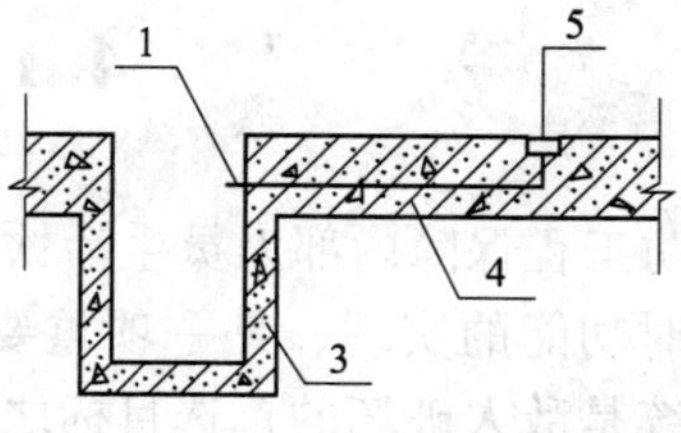

结构底板中敷设的排水管

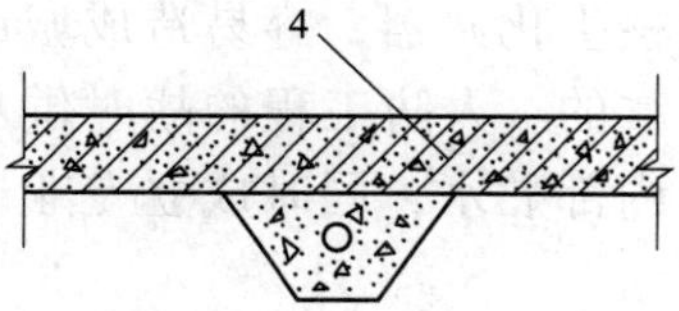

结构底板下敷设的排水管

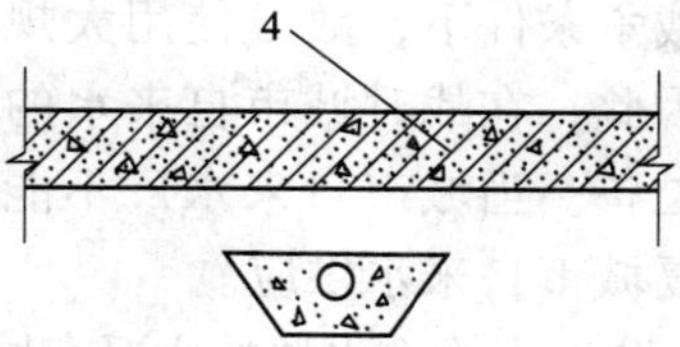

结构底板下敷设的排水管

图 3-7　排水管道安装

1—排水管；2—回填层；3—集水坑；4—结构底板；5—清扫口或防爆地漏

4 给水系统设计

4.1 水　　源

战时人防工程保障内部人员生活饮用水的水质与水量，直接关系到人员的生命安全和人防工程战时功能的实现，是一项重要的工程保障内容。根据现代战争的经验，战时的城市供水系统是敌人破坏的首选目标之一，在现代精确制导武器打击下，水厂的构筑物、管道及水厂的供电系统极易遭到破坏。1991 年海湾战争中，美军打击的首批目标就有水厂，伊拉克用了一个多月的时间才恢复。2005 年吉林石化爆炸事件导致下游哈尔滨等城市供水水源被污染，被迫大面积停水。这表明现代城市供水系统是难以承受污染突发事件的。如在战争条件下，敌方使用大规模杀伤性的核生化武器，容易造成城市水源的大面积污染。因此，在战时城市自来水的供应是不可靠的。人防工程的战时供水应立足于战前充分的贮备。当城市自来水厂不能供水时使用内部贮水，同时成立专业抢险抢修队伍，尽快恢复城市自来水供应。

可作为人防工程给水水源的主要有城市自来水和工程内部的地下水源。人防工程内部设置的贮水池、水箱，不属于内水源。

（1）城市自来水水源

由于水文地质条件不同，城市自来水的水源可能取自江、河、湖、海或地下。采用的水质净化、消毒工艺也可能不同。城市自来水作为一种与人们生活密切相关的商品，其水质有严格的国家标准，并随时受到国家有关部门的严格检测。因此，城市自来水的水质是能符合人防工程的平时和战时使用要求的。

人防工程的标高一般都较低，城市自来水水压多数能满足工程内各用水点的水压要求，无需加压供水。这既减少了给水设备投资费和运行维护管理费，又避免了水质的二次污染，还能提高供水的可靠性。因此，城市自来水水源具有水质、水量、水压都能得到保证，且费用低、可靠性高，它是各类人防工程平时使用首选的给水水源。

（2）人防工程内部水源

目前，人防工程的设计规范、标准并未限定人防工程内部要设置内部水源。但对于那些比较重要、掩蔽人员较多、有合适的水文地质条件的人防工程，设置内部水源是一种好的做法。该水源作为战时的水源使用。如平时也需要使用，应得到有关管理部门的批准。

地下水取水构筑物，按其构造可分为：管井、大口井、辐射井、渗渠和引泉等。人防工程中最常用的是管井，它由井室、井管、过滤器和沉砂管等组成。其构造如图 4-1 所示。

1）井室。井室通常是用来保护井口免遭污损、安放各种设备以及进行维护管理的场所。因此，对于有抽水设备的井室，应该有一定的通风、防水、防潮等设施，并有维护管理所需的空间。

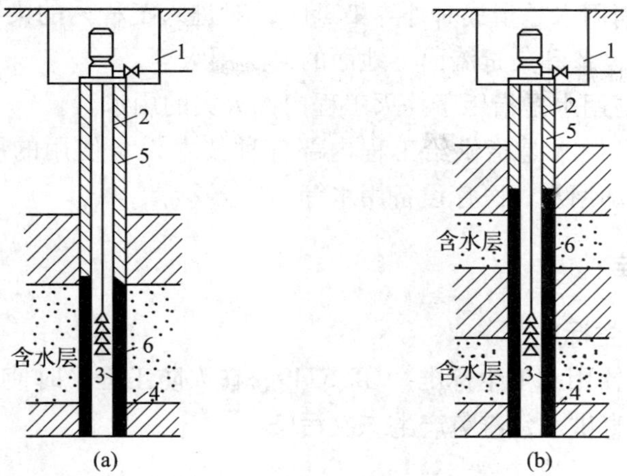

图 4-1 管井构造

1—管室；2—井壁管；3—过滤器；

4—沉砂管；5—黏土封填；6—反滤层

井室的型式主要取决于所选用抽水设备的类型。一般可分为地面式、地下式和半地下式三种。深井潜水泵是管井比较理想的抽水工具，除具有结构简单、使用方便、重量轻、扬程高、无噪声等优点外，它还可以简化井室的构造，便于管井和抽水设备的防护。

2）井壁管。井壁管的作用在于加固井壁，使其能够承受地层和人工填充物的侧压力。井壁管可用钢管、铸铁管、钢筋混凝土管等，用得较多的是金属管，非金属管适用于井深不超过 150m 的管井。

3）过滤器。过滤器又称滤水管，安装于含水层中，用以集水和保持填砾与含水层的稳定性，它的型式和构造对管井的出水量影响很大。过滤器主要有钢筋骨架过滤器、圆孔及条孔过滤器、缠丝过滤器、包网过滤器和填砾过滤器。

管井设计和施工应与人防工程同步进行。对于平时不使用的管井，应定期抽水，防止抽水设备锈蚀及过滤器堵塞，还应做好井水溢流的措施。管井房间的顶板要考虑井管检修的需要，管井的深度也不宜太深，瑞士民防规定不大于 30m。

对于坑道式人防工程，设计人员应随时了解坑道掘进的地质情况。如裂隙水丰富，宜结合建筑排水，在人防工程的清洁区段设置裂隙水收集的管道系统、集水池及供水泵。坑道工程常用的建筑排水收集做法，是将建筑排水管引至集水池，收集坑道的裂隙水。这是一种非常经济的工程做法，能提高战时供水的可靠性。

4.2 用水种类与水质标准

4.2.1 用水种类

人防工程内部用水，一般按以下分类：

1）饮用水：饮用水是保证工程内部人员从事正常活动、维持正常生理功能所需的餐饮、解渴用水。

2）生活用水：生活用水是保证工程内部人员从事正常活动所需的洗涤及卫生用水。

3）洗消用水：洗消用水是指战时外界染毒时，对进入工程内的染毒人员进行洗涤、消毒的用水，以及对染毒设备和染毒墙面、地面的冲洗用水等。

4）消防用水：消防用水是指用于扑灭工程内部火灾的用水。

5）设备用水：设备用水是指供给工程内部各种技术设备使用的用水，如空调冷却用水、柴油发电机组的冷却用水、医疗设备用水等。

4.2.2 水质标准

（1）生活饮用水卫生标准

国家制定了《生活饮用水卫生标准》GB 5749，在人防工程平时使用中，应按该标准供水。设计上应尽量采用直供水，避免产生二次污染。

（2）战时饮用水卫生标准

由于人防工程战时供水的基本措施是采用贮水池（水箱）供水，且供水保障时间最长为15d。因此，在战时供水水质是难以满足国家现行《生活饮用水卫生标准》的。现行国家标准《人民防空地下室设计规范》GB 50038 规定的战时人员生活饮用水水质标准，参照的是我军《战时人员生活饮用水水质标准》中90d 限量的部分指标。该标准提出的目的是鼓励在临战时通过各种手段增加生活饮用水贮存量（表4-1）。

表4-1 战时人员生活饮用水水质标准

项目	单位	限量值
色	度	<15
浑浊度	度	<5
臭和味		不得有异臭、异味
总硬度（以 $CaCO_3$ 计）	mg/L	600
硫酸盐（以 SO_4^{-2} 计）	mg/L	500
氯化物（以 Cl^- 计）	mg/L	600
细菌总数	个/mL	100
总大肠菌数	个/100mL	1
游离余氯	mg/L	与水接触30min后不应低于0.5mg/L（适用于加氯消毒）

由于人防工程内贮水为临战前贮存，生活饮用水贮存在清洁区内不会沾染核生化战剂，该标准中未设核生化战剂指标。战时水质的主要控制指标是细菌学指标，通过简易消毒手段，如投加漂白粉，可满足战时的水质标准。

（3）机械设备冷却用水水质标准

机械设备冷却用水在人防工程平时使用中所占的用水份额较大，一般采用循环供水系统，其补水多直接采用城市自来水，其循环水的水质要求较低，可参照如下标准（表4-2）：

表4-2 冷却用水水质标准

编　号	项　目	标　准
1	悬浮物	不超过25mg/L
2	暂时硬度	不超过10NTU
3	游离性矿物质	不得含有
4	有机酸	不得含有
5	油类	不超过5mg/L
6	耗氧量	不超过25mg/L

在战时，柴油电站冷却用水可以是染毒水，但应避免染毒水污染人防工程的清洁区。

4.3 战时水质保障

战时的水源宜受到核生化战剂的污染，城市自来水厂没有处理这类污染的设备，更多地依赖于各供水点的局部水质处理。以下简要介绍一些国内外处理核生化战剂污染水的常用方法，可供人防工程战时给水处理参考。

4.3.1 核爆炸污染物的去除

核爆炸产物在暴露水体中存在的状态有：

1）离子分散状态（普通离子、带正电和负电的络合离子、单个离子和聚合离子）；

2）分子状态（不带电的络合物和中性分子）；

3）假胶体状态（同位素被吸附在颗粒粒径为0.1～1μm的胶体污染物上）；

4）胶体状态；

5）粗分散状态。

放射性沾染物对人体的危害来自外部辐射、内部辐射和化学毒性。在核袭击初期，体外辐射将要大大超过因饮用放射性污染的水而引起的体内辐射。随着体外辐射将减弱并受到控制，饮用水的净化将是非常重要的。对没有遭到直接袭击的区域，但需要取用来自沾染区的水源时，饮用水将成为人体的主要辐射源。

放射性沾染物对健康的影响取决于个体所接触放射性沾染物的物理和化学性质以及接触的程度和时间长短。大量的动物实验和人体暴露试验表明，肾脏是受放射性沾染化学毒性损害最大的器官。几天内肾脏中的浓度超过每克肾含50μg铀将可能导致肾脏衰竭，而在短期内急剧性地摄入而致肾脏中浓度超过每克肾含1μg铀将导致轻微的肾功能紊乱。放射性沾染对免疫系统的影响主要表现为摄入体内的放射性沾染对淋巴结和红骨髓的α辐射，使生物体处于变态反应并宜受到寄生感染。此外放射性沾染对神经系统、生殖系统、遗传基因等都有一定的影响。

常规混凝、澄清、过滤处理工艺对去除水中的放射性沾染均有一定的效果，尤其是对去除水中非溶解性放射性沾染效果较好。采用矾类、石灰和水玻璃作混凝及助凝剂，投加量分别为15mg/L、14mg/L、7mg/L，对水中核爆炸裂变产物的净化效果如表4-3。

表 4-3　裂变产物净化效果

同位素	含量（%）	净化率（%）		
		混凝、沉淀	过滤	合计
混合物	100	46	44～50	75～73
Ru^{106}、Rh^{106}	15.9	75	0～30	75～82
Ce^{144}、Pr^{144}	12.1	55	46～51	76～88
Y^{91}	17.9	—	40～41	48～50
Sr^{90}、Y^{90}	35.4	61	17～23	66～70
Zr^{95}、Nb^{95}	14.5	68	68～78	90～93
I^{131}	4.2	39	6～53	43～72

战时也可利用就便器材进行混凝沉淀处理，如将黏土按25～50g/L的投加量加入被沾染的水中，搅拌后静置一段时间，取上部水使用。如能同时加入明矾搅拌澄清，可加速澄清过程，提高净化效果。

利用化学沉淀法原理，投加石灰苏打、磷酸盐、硫化物等使水中放射性物质在共晶、吸附、胶体化、截留和直接沉淀作用等机理的作用下形成沉渣。

石灰苏打软化法去除放射性的效率与药剂的投加量有关系，且与放射性的成分有关（表4-4）。

表 4-4　石灰苏打软化法中药剂的最低投加量（mg/L）

净化率（%）	50		75		90	
药剂	石灰	苏打	石灰	苏打	石灰	苏打
$Ba^{140}-La^{140}$	35	35	70	35	100	70
Sr^{90}	70	50	85	85	120	150
Cd^{115}	35	35	50	50	70	70
Sc^{46}	50	50	50	50	85	—
Y^{91}	35	35	70	70	100	200
$Zr^{95}-Nb^{95}$	35	—	85	—	200	90

经过混凝、沉淀、过滤处理后，水中的放射性物质多呈离子状态。可以用阳、阴离子交换树脂做进一步处理（表4-5）。

表 4-5 离子交换法去除放射性同位素（%）

同位素	阳离子交换剂	阴离子交换剂	混合树脂
W^{185}	12 ~ 16	97.2 ~ 99.2	98.9
Y^{91}	86.3 ~ 93.1	94.2 ~ 98.5	97.6 ~ 98.7
Sc^{89}	95.7 ~ 97.2	98.8 ~ 99.0	98.5 ~ 98.7
Sr^{89}	99.1 ~ 99.8	5 ~ 7	99.95 ~ 99.99
Ba^{140} - La^{140}	98.3 ~ 99.0	36 ~ 42	99.5 ~ 99.6
Ca^{115}	98.5	—	99.2
Zr^{95} - Nb^{95}	58 ~ 75	96.4 ~ 99.9	90.9 ~ 99.4

4.3.2 化学战剂的去除

由于各种毒剂的毒性持续时间、溶解度、水解程度及水解后产物的毒性不同，所以对于水的污染程度和处理方法也各不相同。

（1）沙林

化学名称叫甲氟膦酸异丙酯。俄军用代号 P-35，美军用代号 GB。属暂时性、神经型毒剂。能完全溶于水，水解后生成无毒物质，但常温（20℃）下水解速度较慢。它溶于水后不宜被发现，危害性较大。

沙林分子容易被多孔性物质吸附，因此，可用活性炭、干燥土颗粒、砖等吸附处理。另外，由于沙林在高温时水解很快，所以，被沙林沾染的水也可以煮沸半小时以上，即可使其失去毒性。

（2）维埃克斯

化学名称叫 S-β 二异丙胺基乙基硫代甲磷酸乙酯。美军用代号 VX 表示。是持久性神经毒剂。比重大于水，溶解性较小，进入水体后大部分以油珠状沉入水底。水解后生成无毒的甲磷酸乙酯和二异丙胺基乙硫醇，但常温下水解很慢，能使水源长期染毒。

维埃克斯可被氧和活性氯氧化生成无毒物质，故可用二氯胺、次氯酸钙等常用水质消毒剂处理维埃克斯染毒水。另外，澄清和煮沸也有一定效果。

（3）芥子气

化学名称叫 β，β′-二氯二乙硫醚。俄军用代号 P-74，美军用代号 H 或 HD 表示。属持久性糜烂毒剂。

芥子气溶液难溶于水，液滴大部分浮于水面形成油膜。芥子气的水解生成物无毒，但在常温中性水中水解很慢。

由于芥子气易被多孔性材料吸附，故可用活性炭等过滤去除。另外，在碱性水中加热搅拌能增大其水解速度，可调整水的 pH 值、加热消除其毒性。还可以投加次氯酸钙等多种氯制剂处理芥子气沾染的水。

（4）路易氏气

化学名叫 2-氯乙烯二氯砷。俄军用代号 P-43，美军用代号 L 表示。属持久性糜烂型毒剂。

路易氏气比重大于水，微溶于水，水解容易，水解后生成仍有毒性的白色固体－氯乙烯氧砷。

由于路易氏气容易被多孔性材料吸附，且水解生成白色固体，故可用活性炭过滤法去除。另外，路易氏气很容易与硫基化合物作用生成无毒物质，可采用投加硫基化合物或投加氯制剂使其氧化生成五价砷后，再投加铁盐混凝剂沉淀处理。

（5）氢氰酸

化学分子式 HCN，俄军用代号 P－2，美军用代号 AC 表示。属暂时性全身中毒型毒剂。液滴比重小于水，蒸汽比重小于空气，完全溶于水，水解较慢，水解后失去毒性。

由于氢氰酸在较高温度（45℃）时水解容易，故氢氰酸沾染的水可以用煮沸法处理。

反渗透法对水中毒剂有很好的去除效果，但一般还需后续增加活性炭吸附处理才能保证水质的安全。

4.3.3　生物战剂的去除

城市自来水厂的混凝、沉淀、过滤、消毒处理工艺，对生物战剂有较好的处理效果。加大消毒剂投加量，是一种常用的措施。

煮沸消毒是一种简便可靠的手段，一般煮沸 10min，可杀灭常见导致病菌和病毒。对芽孢杆菌类污染水，需要延长煮沸时间。

4.4　水 量 标 准

人防工程的平时生活饮用水量标准应根据工程平时的使用功能及现行国家标准《建筑给水排水设计规范》GB 50015 中的有关规定确定。战时的用水量标准应根据工程战时的使用功能及人防工程设计的有关规范确定。

与平时用水量标准不同的是，战时用水量标准中明确区分了生活用水与饮用水。这是由于战时供水保障困难，在初期可保障基本的盥洗等生活用水，如城市供水系统仍得不到恢复，在后期只能保障饮用水，不保障生活用水（表 4-6）。

表 4-6　战时生活饮用水量标准

工程类别			用水量［L/(人·d)］	
			饮用水	生活用水
医疗救护工程	中心医院 急救医院	伤病员	4～5	60～80
		工作人员	3～6	30～40
	救护站	伤病员	4～5	30～50
		工作人员	3～6	25～35
专业队队员掩蔽部			5～6	9
人员掩蔽工程			3～6	4
配套工程			3～6	4

人防工程的贮水天数（时间）是根据各类工程的供水要求及水源情况确定的。现行国家标准《人民防空地下室设计规范》GB 50038 规定的各类工程贮水时间如表 4-7。

表 4-7　各类工程的贮水时间

<table>
<tr><th colspan="3" rowspan="2">水 源 情 况</th><th colspan="4">工程类别</th></tr>
<tr><th>医疗救护工程</th><th>专业队队员掩蔽部</th><th>人员掩蔽工程</th><th>配套工程</th></tr>
<tr><td rowspan="2">有可靠内水源</td><td colspan="2">饮用水（d）</td><td colspan="4">2～3</td></tr>
<tr><td colspan="2">生活用水（h）</td><td>10～12</td><td>4～8</td><td colspan="2">0</td></tr>
<tr><td rowspan="3">无可靠内水源</td><td colspan="2">饮用水（d）</td><td colspan="4">15</td></tr>
<tr><td rowspan="2">生活用水（d）</td><td>有防护外水源</td><td colspan="4">3～7</td></tr>
<tr><td>无防护外水源</td><td colspan="4">7～14</td></tr>
</table>

表中有可靠内水源是指人防工程清洁区内设有水源（如管井等），有防护外水源是指具有一定防护能力为单个防空地下室服务的独立外水源或为多个防空地下室服务的区域性外水源。无防护外水源是指一般的城市自来水水源。

根据用水量和贮水时间标准，人防工程贮水池（箱）容积，可用下列公式计算确定：

$$v = k\frac{q_1 m T_1 + q_2 m T_2}{1000} \quad (\mathrm{m}^3) \tag{4-1}$$

式中　q_1——战时人员饮水量标准［L/(人·d)］；

q_2——战时人员生活用水量标准［L/(人·d)］；

m——防空地下室内设计掩蔽的人数（人）；

T_1——饮用水贮水天数（d）；

T_2——生活用水贮水天数（d）；

k——安全系数，一般取 1.2。

该公式是一个人防工程给排水设计的常用公式，使用中要注意正确理解各参数的含义，合理取值。战时掩蔽人数一般在设计任务书中由建设单位提出。

4.5　给水系统的设计

平时给水系统的选择和设计应根据工程平时的使用功能及现行国家标准《建筑给水排水设计规范》中的有关规定确定。战时给水系统的设计秒流量的计算按下式计算：

$$q = 0.2\alpha\sqrt{N} \quad (\mathrm{L/s}) \tag{4-2}$$

式中　α——系数，医疗救护工程可取 2.0；人员掩蔽所可取 1.5；

N——卫生器具给水当量。

平战结合的工程，给水管道的设计首先应满足平时使用的要求。对于兼作战时给水管道的管段，按公式 4-2 进行校核计算。

生活、饮用水贮水池（箱）的设置要求如下：

1）必须设在清洁区，以防止水质被空气中的核生化战剂污染。

2）贮水池（箱）应在受到与人防工程所允许的抗力等级袭击时，不致产生裂缝渗漏。

3）在饮用水和生活用水共用一个贮水池（箱）时，由于饮用水比生活用水的贮存时间长，应设有饮用水不被其他用水挪用的措施。即当生活用水停止供应时，要能继续保证饮水的供应。一般采取的措施与民用建筑给排水设计中生活、消防共用一个水池时，防止消防用水不被动用的措施类似，常采用的措施有：

如为加压供水，可将饮用水和生活用水的取水口设在不同高度上，生活用水的取水口在上。当生活用水用完后，生活用水的取水口进气，因此水泵不能正常运转。在此情况下，即可将所有生活用水的闸门关闭，并把水泵吸水管上的阀门关闭，再从饮用水取水口取水，供人员饮用。

如为自流供水，可在贮水池（箱）里分别设置不同高度的取水管，上面为生活用水的取水管，下面是饮用水供水管。当生活用水用完之后，即停止生活用水供应。

4）保证贮水池内的水质：应注意避免形成水流流动的死角，可在池内设置导流隔墙。池内贮存时间不宜过长并需注意消毒和更新。特别是在临战时，对于由其他水池（如平时使用的消防水池）临时改变为战时的生活饮用水水池，必须临战前及时对水池进行清洗、更换新鲜自来水。

5）二等人员掩蔽所内的贮水池（箱），当平时不用时，可在临战时构筑，但必须在工程施工时预留孔洞或预埋好进水、出水、溢流、放空等管道，并应有明显标志。同时还应有可靠的技术措施，能在战前规定时间内构筑完毕。临战转换的时间短，应避免临战前构筑钢筋混凝土水池，宜采用装配式水箱。根据现代城市在大规模供水突发事故时的经验，应鼓励城市居民采取各种简便贮水容器临时贮水。

贮水池（箱）一般应设有进水管、出水管、溢流管、放空管、排气管和水位计等。

当人防工程设有自备电站或由人防区域电站供电时，战时给水泵的供电是有保障的。战时人防工程的加压供水方式宜结合平时的供水情况选择。如工程内设有平时供消防使用的气压供水设备或变频供水设备，战时宜对其转换，利用该类设备为战时的生活饮用水管道供水。如果平时利用城市自来水直供水，无平时使用的、流量及扬程均合适的水泵利用，战时宜设置给水专用的增压水泵，临时增压供水。

对于规模较小的防空地下室，或在战时电源没有保证的防空地下室，可只采用手摇泵供水。有条件时，可采用高位水箱，自流供水。

5 排水系统设计

排水系统排出的污、废水主要包括生活污水、设备用废水、洗消废水、消防废水以及口部雨水。

5.1 排水系统的类型

排水系统一般按照排出方式分为自流排水系统和压力排水系统。由于城市中人防工程附近的市政排水管道的标高大多比人防工程内的地面高，因此很难采用自流排水。只有坑道工程等特殊地形条件下，才有可能采用自流排水。

自流排水方式靠重力自流排出，系统简单，造价较低，平时管理方便。这类排水系统的组成主要包括：用水设备、排水支干管、污水集水池、排出管和防毒防爆设施。防毒的主要措施是在排出管上应设置水封井，水封深度不小于300mm。防爆的主要措施是设置防毒消波槽或防爆化粪池。在自流排水的设计中，要特别注意工程排水的接纳水体在暴雨等特殊情况下发生倒灌的可能性，并采取防止倒灌的措施。

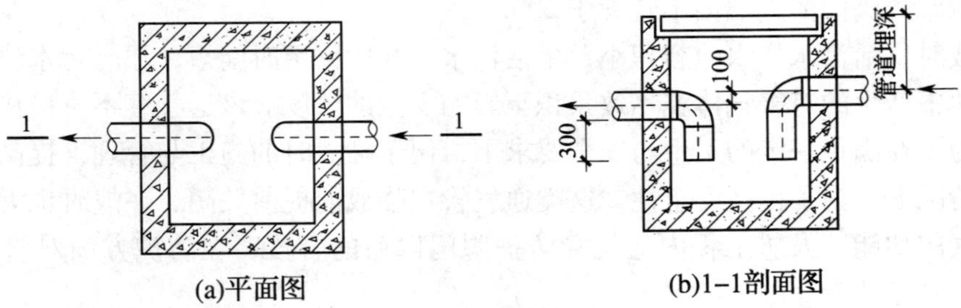

图 5-1 水封井

防爆化粪池是具有一定防护能力的化粪池，由给排水专业提出容积要求，结构专业进行设计。

人防工程的排水系统多为压力排水系统。与自流排水的主要区别在于工程内各类污废水汇集到集水池后，需通过污水泵提升后才能排至室外。系统组成主要包括：用水设备、排水支干管、污水集水池、污水泵、排出管、防护阀门。

5.2 排水管道设计

管道的坡度、充满度和流速与国家标准《建筑给水排水设计规范》GB 50015 的要求相同；为有利于防护，需注意以下几点：

1）最好采用柔性接口，有利于防震和防不均匀沉陷；

2）埋在地面以下的排水管的直径要适当放大，以使排水通畅和方便疏通；

3）当排水管道穿越人防工程的围护结构或密闭墙时，应采取防护密闭措施。

排水管道的铺设原则是：

1）减少转弯，并敷设在用水量大的设备一侧；

2）尽量避免交叉铺设；

3）架空的横向排水管不得穿越配电房及重要的仪器设备用房；

4）不得穿过防护单元之间的防护密闭隔墙；

5）铺设在底板下的排水管应采用混凝土加以包覆，以加强管道的强度和整体性。

排水管道附件的设置要求是：

1）所有的卫生设备和其他用水设备均应设置水封装置，防止有害、有毒气体侵入；

2）接纳多个卫生设备排水的横管、竖管，均应在适当位置设置清扫口，其要求与地面建筑相关规定相同；

3）透气管可按下列原则进行设置：收集平时生活污水的集水池应设通气管，并接至室外、排风扩散室或排风竖井内，对防空地下室也可考虑与地面建筑的通气管连通；收集平时消防排水、空调冷凝水、地面冲洗排水的集水池，按平时使用的卫生要求及地面排水收集方式确定通气管的设置方式，这类集水池多数是敞口的或采用地沟方式集水，可不设通气管；收集战时生活污水的集水池，临战时应增设接至厕所排风口的通气管；通气管的管径不宜小于污水泵出水管的管径，且不得小于75mm；通气管在穿过人防围护结构时，该段通气管应采用热镀锌钢管，并应在人防围护结构内侧设置公称压力不小于1.0MPa铜芯闸阀。人防围护结构内侧距离阀门的近端面不宜大于200mm。

由于战时生活污水集水池容积小，生活污水在池中停留时间短，战时污水池只要有透气管，污水池中产生的有害气体就不致累积至影响安全的浓度。该透气管不直接接至工程外部的目的是为了在满足一定的卫生与安全要求下，便于临战时的施工与管理，提高防护的安全性。多数情况下，为了提高安全性，这类通气管在临战前提前关闭，在战时也无法实现向工程外部通气的功能。人防工程内通气管防护阀门以后的管段，在防护方面对管材无特殊要求。

5.3 污水贮存与抽升设备

5.3.1 污水池容积计算

战时生活污水集水池的有效容积应包括调节容积和贮备容积。调节容积不宜小于最大一台污水泵5min的出水量，且污水泵每小时启动次数不宜超过6次；贮备容积必须大于隔绝防护时间内产生的全部污水量的1.25倍；隔绝防护时间由通风专业提供，也可直接在GB 50038规范通风专业的章节中查找。集水池还应满足水泵设置、水位控制器等安装、检查的要求；设计的最低水位，应满足水泵吸水要求。贮备容积平时如需使用，其空间应有在临战时排空的措施。

战时隔绝防护时间和CO_2允许含量见表5-1。

表 5-1 战时隔绝防护时间和 CO_2 允许含量

工程类别	隔绝防护时间（h）	CO_2 允许含量（%）
医疗、救护工程	≥6	≤1.5
防空专业队及一等人员掩蔽工程	≥6	≤2.0
二等人员掩蔽工程	≥3	≤2.5

隔绝式通风方式是外界染毒且滤毒设备不工作、不进新风的一种通风方式。为了有效地防止工程外部有毒物质的进入，需保证人防工程内有一定的超压，即工程内的气压略大于工程外的气压。在隔绝防护期间，如果向外排水，根据等温条件下的理想气体状态方程：

$$P_1V_1 = P_2V_2 \tag{5-1}$$

空气体积增加，其压力就会减小，不利于工程维持超压。举例如下：

某人防工程，其内部空气的总容积 $V_1 = 1000\text{m}^3$，工程内部的原气压为 $P_1 = 10\text{mH}_2\text{O}$，在隔绝防护时间内向外排出 1.0m^3 污水。则人防工程内空气的总容积增加 1.0m^3，$V_2 = 1001\text{m}^3$。排水后工程内的气压改变为：

$$P_2 = \frac{P_1V_1}{V_2} = \frac{10 \times 1000}{1001} = 9.99\ (\text{mH}_2\text{O})$$

排水使人防工程内的气压降低了 $10\text{mH}_2\text{O}$。对大量已建人防工程的气密性检测结果表明，由于通风管路系统、门的密闭性不理想等原因，即使不向外排水，多数人防工程维持正压也是比较困难的。因此，在隔绝防护时间内不得向外排水。需要设置污水池收集在隔绝防护时间内产生的污废水。

污、废水集水池的贮备容积 $V_{贮}$ 分下列几种情况计算：

1）采用污水泵排水或自流排水

$$V_{贮} = \frac{kqmT}{24 \times 1000} + Q_{机}T \quad (\text{m}^3) \tag{5-2}$$

式中 q——战时人员生活饮用水量［L/(人·d)］；

m——防护单元内的掩蔽人数（人）；

T——隔绝防护时间（h）；

k——安全系数，一般取 1.25；

$Q_{机}$——机械设备在隔绝通风时排入污水池的排水量（m^3/h）。

使用该式计算时需注意两点：一是生活饮用水量中包括生活用水及饮用水，二是选用的水量标准是战时的标准。

2）人工排水时（指空袭后，采用人工方式将污水排出），其所需的贮水池容积：

$$V_{贮} = = \frac{kqmT'}{24 \times 1000} \quad (\text{m}^3) \tag{5-3}$$

式中 T'——隔绝防护时间和滤毒通风时间之和，其值由通风专业提供；其他符号同上。

污水池的调节容积 $V_{调}$ 的计算方法与一般民用建筑设计对污水贮水池调节容积的要求相同。

污水池的总容积 $V_{污}$ 按下式计算：

$$V_{污} = V_{贮} + V_{调} \quad (\text{m}^3) \tag{5-4}$$

对自流排水及人工排水的情况，$V_{污} = V_{贮}$。

在实际工程设计中，污水池容积的设计还应注意以下几点：

1）如和平时期的污水池共用，需要避免污水池容积过大的情况。有些工程的污水池容积过大，污水停留时间过长，容易产生厌氧反应，产生臭气。

2）有些集水池平时不使用，战时采用移动式水泵排水时，容易出现集水池设计容积过小情况，至少应满足水泵的安装、吸水的要求。一般不小于600mm×600mm×600mm。

3）贮备容积如果平时需要利用，临战前要能排空。

5.3.2 污水抽升设备

人防工程所选用的污水泵多是流量较小的泵，目前，污水泵的新产品比较多。对生活污水，宜选用防堵塞性能好的潜污泵。

人防工程口部外洗消废水的排除，可以由移动式排水泵排水，可不设固定的排水泵及排水管道。如采用卧式泵，宜采用自灌式，以便启动。出水管上应设阀门、单向阀和可挠曲接头等。污水泵宜采用自动启动，水泵启停的控制器宜由水泵生产厂家配套供应，并在设备订货时一并提出。

污水泵房还应设置排风设施，并采取必要的防潮、减振和隔声措施。

5.3.3 干厕所的设计

《人民防空地下室设计规范》GB 50038 第3.5.1条规定：“医疗救护工程宜设置水冲厕所；人员掩蔽工程、专业队队员掩蔽部和人防物资库等宜设干厕（便桶）；专业队装备掩蔽部、电站机房和人防汽车库等战时可不设厕所；其他配套工程的厕所可根据实际需要确定。对于应设置干厕的防空地下室，当因平时使用需要已设置水冲厕所时，也应根据战时需要确定便桶的位置。干厕的建筑面积可按每个便桶1.00～1.40m^2确定。厕所宜设置在排风口附近，并宜单独设置局部排风设施。干厕可在临战时构筑”。

只有掩蔽人员很少的人防工程，如普通多层住宅下附建的人防工程，由于总的生活饮用水贮存量少，干厕内便桶少，可考虑由人工方式将生活污废水排出人防工程。

其他生活用水量贮存较多的人防工程，如战时掩蔽800人的二等人员掩蔽工程，战时生活饮用水的贮存量达到92m^3，虽然生活污水不一定全部都排在工程内，但战时的排污量是很大的，除利用便桶的贮污水作用外，还应设污水池和排水泵。临战设置的干厕及盥洗间内，应预设地漏及排水管，便于房间打扫卫生。

5.4 防空地下室上层地面废水的收集与排放

《人民防空地下室设计规范》GB 50038 第6.3.15条规定：“对于乙类防空地下室和核5级、核6级、核6B级的甲类防空地下室，当收集上一层地面废水的排水管道需引入防空地下室时，其地漏应采用防爆地漏”。本条规定目的是减少集水池、污水泵的设置数量，降低造价。解放军理工大学工程兵工程学院进行的试验结果表明，防爆地漏临战前关闭，能满足该条文设定的防护等级的防护及密闭要求。接防爆地漏的排水管上，可以不设置阀门。防爆地漏可采用预埋或预留孔洞的方法施工。具体施工方法可参照图5-2。

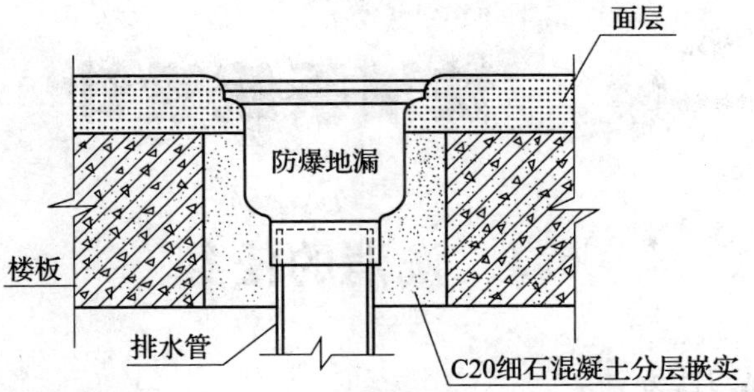

图 5-2　防空地下室顶板预留孔洞安装防爆地漏示意图

按照同样的推理，对于乙类防空地下室和核 5 级、核 6 级、核 6B 级的甲类防空地下室，为了减少口部集水坑及排水泵的设置，可以将平时排雨水用的、设于人防工程口部以外的防爆地漏接至防空地下室内的口部集水坑。临战前，将防爆地漏关闭，可满足防爆及密闭的要求。

但必须强调，对上层的生活污水，不得排入下层人防工程。

6 洗消系统设计

6.1 洗消的任务

人防工程洗消系统的任务：

1）在外界染毒时，对需要进入人防工程的人员进行洗消，防止有毒物质随人员的进入被携带至工程的清洁区，影响安全；

2）对人防工程的战时主要出入口、进风系统等染毒部位的墙、地面进行冲洗消毒，以便在外界报警解除后人员进出，同时保障进风系统的安全；

3）对染毒的车辆、设备和物资进行洗消。

表 6-1 染毒允许浓度

类别	允许染毒程度［蜕变数/(min·cm²)］	
	一般居民	孕妇及12岁以下儿童
人体皮肤（不含手）、内衣	3×10^3	6×10^2
手	3×10^4	6×10^3
炊具、餐具	5×10^2	
服装（不含内衣）、装备等	1×10^5	
地面、墙面	5×10^5	

6.2 人员洗消用水量计算

人员洗消方式分为全身洗消和局部洗消（简易洗消）两种。对防空地下室，可按表6-2确定。

表 6-2 人员洗消方式、洗消人员百分数

工程类别	人员洗消方式	洗消人员百分数（%）
医疗救护工程	淋浴洗消	5~10
专业队队员掩蔽部	淋浴洗消	20
一等人员掩蔽所、食品站、生产车间、区域供水站	淋浴洗消	2~3
二等人员掩蔽所	简易洗消	—

全身洗消采用淋浴的洗消方式，洗消效果好，但用水量较大，供水要求较高。局部洗消，通过设在口部的洗脸盆等，对进入工程内人员的面部、手、脚等进行局部洗消。局部洗消可热水供应设备。为提高洗消效果，可在洗消液中添加洗消药剂，使用的药剂一般为2%的小苏打溶液或15%的甲酚钠酒精溶液。

洗消间内淋浴器数量、人员洗消用水量、热水供应量应符合下列要求：

1）淋浴器和洗脸盆的数量由建筑专业提供，或按照建筑专业的有关条文计算；该条文原放在给水排水专业的章节内，因考虑到便于建筑专业方案设计，故将该条文写到建筑专业的条文中；

2）淋浴洗消人数按防护单元内的掩蔽人数及洗消人员百分数确定；

3）人员洗消用水量标准宜按40L/(人·次）计算；淋浴器和洗脸盆的热水供应量宜按320～400L/套计算；当人员洗消用水量大于洗消器具热水供应量时，热水供应量仍按洗消器具的套数计算。

医疗救护工程人员淋浴洗消用热水温度宜按37～40℃计算，其他工程人员淋浴洗消用热水温度可按32～35℃计算。选用的加热设备能在3h内将全部淋浴用水加热至规定的温度。

淋浴洗消用水应贮存在口部房间或通道内。洗消废水不得与清洁区排放的污废水混合排放。人员简易洗消总贮水量宜按0.6～0.8m^3确定，可贮存在简易洗消间内，当简易洗消间集水池的容积大于洗消用水贮存量时，可不设洗消排水泵，外界警报解除后，采用移动泵排出洗消废水。

计算热水供应量时，一只淋浴器和一只洗脸盆计为一套。战时人防工程内只贮存需洗消人员洗消一次的用水量，计算公式如下：

$$V_{洗} = \frac{nbq}{1000} \quad (m^3) \tag{6-1}$$

式中 $V_{洗}$——人员洗消用水贮水量（m^3/次）；

n——防空地下室战时掩蔽人数（人）；

b——人员洗消百分数（%）；

q——洗消用水量标准［40L/(人·次)］。

卫生器具热水供应量计算公式如下：

$$V_{器} = qN \quad (L) \tag{6-2}$$

式中 $V_{器}$——人员洗消的热水供应量（L）；

q——每套卫生器具小时耗水量；

N——卫生器具套数。

当人员洗消用水量$V_{洗}$小于卫生器具热水供应量$V_{器}$时，按人员洗消用水量$V_{洗}$计算热水供应量；当人员洗消用水量$V_{洗}$大于卫生器具热水供应量$V_{器}$时，按卫生器具热水供应量$V_{器}$计算热水供应量。

例：某防空地下室，战时作为一等人员掩蔽部使用，战时掩蔽人数800人，洗消人员百分数取3%。试计算洗消器具数量、人员洗消用水贮水量、热水供应量。

解：根据GB 50038规范第3.3.23条，洗消器具应设置2套，即淋浴器、洗脸盆各2只。

人员洗消用水贮水量为：

$$V_{洗} = 800 \times 0.03 \times 40 = 960(\mathrm{L})$$

每套卫生器具的热水供应量取400L，则卫生器具热水供应量为：

$$V_{器} = 2 \times 400 = 800(\mathrm{L})$$

$V_{器} < V_{洗}$，热水供应量按 $V_{器}$ 计算，即800L。

6.3 热水器选择计算

热水器设计耗热量按下列公式计算：

$$Q = \frac{q\rho(t_r - t_1)C}{3600} \quad (\mathrm{W}) \tag{6-3}$$

式中 Q——设计耗热量（W）；

q——人员洗消用热水供应量（L）；

ρ——水的密度（kg/L）；

C——水的比热，C＝4187［J/(kg·℃)］；

t_r——供应热水温度（℃）；

t_1——冷水温度（℃），按当地最冷月平均给水温度取。

电热水器总耗电量按下式计算：

$$W = \frac{Q}{1000\eta} \quad (\mathrm{kW}) \tag{6-4}$$

式中 W——耗电量（kW）；

η——电热水器的热效率，取95%～97%。

例：某防空地下室，战时洗消热水供应量为540L，电加热器提前加热时间取3h，冷水温度 t_1 取5℃，热水供应温度 t_r 取32℃，电热水器的热效率取97%。试计算电热水器功率。

解：热水器设计耗热量为：

$$Q = \frac{540 \times 1 \times (32 - 5) \times 4187}{3600} = 16957(\mathrm{W})$$

电热水器总耗电量为：

$$W = \frac{16957}{1000 \times 0.95} = 17.9(\mathrm{kW})$$

如选择1台电热水器，电热水器的最小功率为：

$$17.9 \div 3 = 6.0(\mathrm{kW})$$

如选择2台电热水器，电热水器的最小功率为：

$$17.9 \div (3 \times 2) = 3.0(\mathrm{kW})$$

6.4 墙、地面洗消

在外界染毒后，为便于人员进出及工程设备系统的正常运行，需要对染毒的墙、地面进行洗消。人防工程需冲洗的部位主要包括：进风竖井、进风扩散室、除尘室、滤毒室（包括与滤毒室相连的密闭通道）和战时主要出入口的洗消间（简易洗消间）、防毒通道及其防护密闭门以外的通道。

洗消的方法主要是利用冲洗栓或冲洗龙头进行冲洗，也可用掺加化学剂的水进行刷洗，一般可用0.5% ~3%的洗衣粉水溶液或1∶4的漂白粉水溶液，还可用10% ~20%的氨水。

需洗消的面积包括墙、通道的各个面。冲洗水量按5 ~10L/m^{2}冲洗一次计算，即贮存的洗消水只保证需冲洗面积冲洗一次的洗消用水量，如需第二次冲洗，则需要再次对贮水设备补水。

墙、地面洗消用水的贮水量V，可按下式计算：

$$V = \frac{(q_1 F_1 + \sum q_2 m)}{1000} \quad (\text{m}^3) \tag{6-5}$$

式中 q_1——墙、地面洗消用水量标准（L/m^2）；

F_1——口部需洗消的墙、地面面积（m^2）；

m——需洗消的机械、设备、车辆数（台）；

q_2——各种机械、设备、车辆洗消用水量标准（L/台）。

当用水冲洗时，应配备冲洗软管，其服务半径不宜超过25m，供水压力不宜小于0.2MPa，供水管径不小于20mm。冲洗设备的阀门，应设在防护密闭门以内，可用壁龛嵌在墙内，也可用地坑型设在地面以下。

对规模较小的人防工程，当主要出入口距地面的距离较短时，也可利用设在口部的供人员洗消的盥洗龙头作为墙、地面的冲洗龙头。战时人员洗消和墙、地面的洗消是不同时的。如果战时的出口通道面积过大，洗消用水贮水量超过10m^3，《人民防空地下室设计规范》GB 50038规定可按10m^{3}贮存洗消用水，不足部分由防空专业队负责洗消。

专业队装备掩蔽部、汽车库以及柴油电站等主体允许染毒的防空地下室以及防空地下室的发电机房，不考虑在人防工程内贮存该部分的洗消用水。

需冲洗的部位，应考虑设置地漏、防爆地漏、清扫口、集水坑等排水措施。

6.5 洗消间、简易洗消间设计

洗消间由脱衣间、淋浴间、检查穿衣间三部分组成，其位置设在战时主要出入口的防毒通道一侧。脱衣间入口设在第一防毒通道内，检查穿衣间出口设在第二防毒通道内。

洗消间平面布置见图6-1。

简易洗消间可以设于战时主要出入口的防毒通道内（适当加宽）或在通道一侧设一间简易洗消间。简易洗消间主要是供染毒人员在此处用水或其他消毒液对手、脸等暴露部分进行擦洗。

简易洗消间平面布置见图6-2。

为避免污染，洗消废水应单设收集和排出。坑道工程自流排水时，可在清洁区口部排水水封井以后的管段与清洁区的排水管合并。

建筑排水和洗消废水自流排出见图6-3。

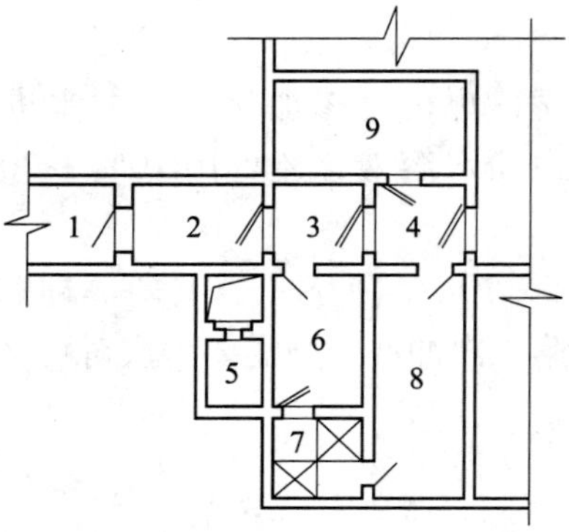

图 6-1 洗消间平面布置

1—室外通道；2—缓冲通道；3—第一防毒通道；4—第二防毒通道；5—排风扩散室；6—脱衣间；7—淋浴间；8—穿衣间；9—防化化验室

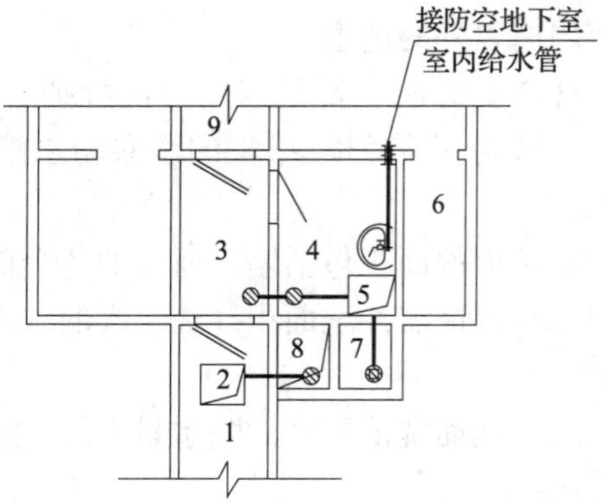

图 6-2 简易洗消间平面布置

1—室外通道；2—口部集水坑；3—防毒通道；4—简易洗消间；5—洗消集水坑；6—排风机房；7—排风扩散室；8—排风竖井；9—室内清洁区

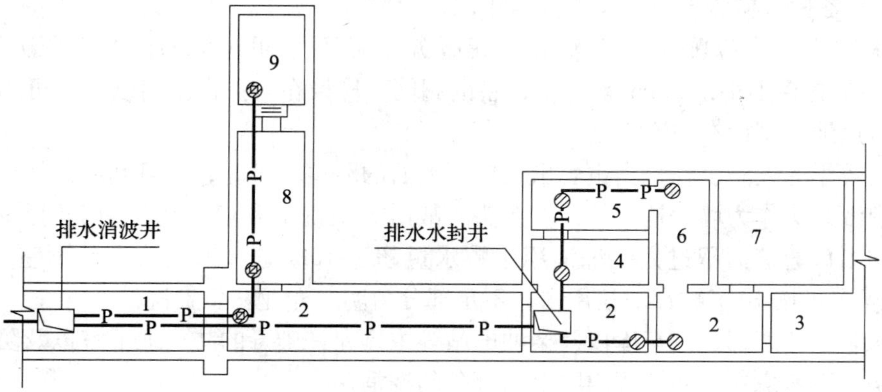

(a)自流排水平面图

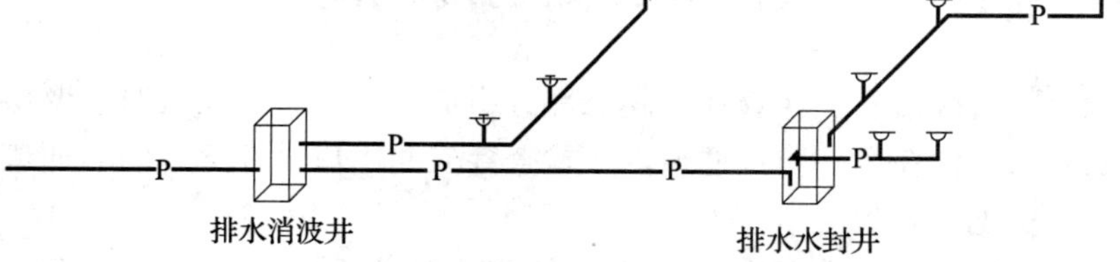

(b)自流排水系统图

图 6-3 建筑排水和洗消废水自流排出

1—战时主要出入口；2—防毒通道；3—脱衣间；4—洗消间；5—淋浴间；6—检查穿衣间；7—排风机房；8—排风扩散室；9—排风竖井

7 消防给水系统设计

人防工程的设计要兼顾战时功能及平时功能。人防工程不考虑战时的消防给水问题，但需要根据面积、平时使用功能等因素设计供平时使用的消防给水系统。平时使用的消防给水系统，在战时可以根据防护等方面的需要，对管道进行截断、关闭处理，也可对增压供水泵、贮水池进行使用功能的转换。

消防给水系统的设计是人防工程给排水设计的一项基本内容，也是施工图审查中出现问题较多的项目。

7.1 消防给水的规范、标准

消防规范是列入到国家《工程建设标准强制性条文》中条目较多的一类规范，是国家相关执法部门检查的重点。

消防技术规范与其他专业规范类似，分国家规范、行业规范、地方规范和协会推荐性规范。涵盖了城镇建设、电力工程、石油天然气工程、石油化工工程、煤炭工业工程、水利工程、铁道交通工程、航空工业工程、民航工程、机械工业工程、信息产业工程、广播电影电视工程、人防工程、核工业工程等工业与民用建设工程的各个领域。

由公安部作为主编部门编制的消防技术规范有30部，由公安部与其他部门联合制定的行业规范共4部，由其他部门主编的专用消防技术规范和包含防火内容的技术规范16部。

在法律地位上全国性规范用于指导全国各地的建筑活动行为，属国家规范。地方性规范是各个地方在国家标准规范的指导下确立的地方性法规，只适用于该地区的某些特殊条件和环境。

在技术特点上全国性规范由于是指导全国各地的，其技术要求涵盖了不同的区域、不同的经济发展程度等，条文的原则性较强。地方性规范是根据地方的具体情况制定的技术要求，某些内容与国家规范相比更为详尽、具体，有的甚至更严格，可操作性更强。

常用的消防设计规范有：

1）《建筑设计防火规范》GBJ 16；

2）《高层民用建筑设计防火规范》GB 50045；

3）《人民防空工程设计防火规范》GB 50098；

4）《汽车库、修车库、停车场设计防火规范》GB 50067；

5）《飞机库设计防火规范》GB 50284；

6）《村镇建筑设计防火规范》GBJ 39；

7）《建筑内部装修设计防火规范》GB 50222；

8）《自动喷水灭火系统设计规范》GB 50084；

9）《水喷雾系统设计规范》GB 50219；

10）《火灾自动报警系统设计规范》GB 50116；

11）《二氧化碳灭火系统设计规范》GB 50193；
12）《卤代烷 1211 灭火系统设计规范》GBJ 110；
13）《卤代烷 1301 灭火系统设计规范》GB 50163；
14）《高倍数、中倍数泡沫灭火系统设计规范》GB 50196；
15）《低倍数泡沫灭火系统设计规范》GB 50151；
16）《固定消防炮灭火系统设计规范》GB 50338；
17）《消防通信指挥系统设计规范》GB 50313；
18）《建筑灭火器配置设计规范》GB 50140。
常用的消防施工及验收规范有：
1）《自动喷水灭火系统施工及验收规范》GB 50261；
2）《火灾自动报警系统施工及验收规范》GB 50166；
3）《气体灭火系统施工及验收规范》GB 50263；
4）《泡沫灭火系统施工及验收规范》GB 50281。

7.2 设计要点

根据《人民防空工程设计防火规范》GB 50098 总则的条文说明，人防汽车库按现行的国家标准《汽车库、修车库、停车场设计防火规范》GB 50067 的规定执行。在规范的实际应用中，最常遇到的问题是消防稳压系统的设计、火灾前 10min 的供水保证技术措施。一般可按以下原则进行处理：

1）对于防空地下室等附建式人防工程，在消防稳压、消防水泵、消防水池等方面结合地面建筑统一考虑。一般通过设置屋顶水箱来保证消防系统的水压及火灾前 10min 的用水量。人防工程、地面建筑共用一套消防水池、消防增压泵系统。有时同一个建筑项目，人防工程及地面建筑分属两家设计单位设计，专业设计人员需加强配合，以便节约造价、提高消防系统的可靠性。按照现行国家标准《人民防空地下室设计规范》GB 50038 的界定，对于住宅小区内建设的地下室，不管地下室上面有无建筑，都必须按《人民防空地下室设计规范》执行。

2）对于单建式人防工程（不包括指挥工程），设计采用的人防基本规范是《人民防空工程设计规范》GB 50225，无法设置高位水箱来满足消防稳压的要求，多数采用设置气压罐来保障消防稳压及火灾初期的用水量。但是稳压罐的调节容积很小，不可能按火灾前 10min 的消防用水量来确定稳压罐调节容积。因此，在这方面需要按《人民防空工程设计防火规范》GB 50098 的要求来确定调节容积。由于图纸审查人员、消防主管部门有些工作人员对《人民防空工程设计防火规范》还不够熟悉，为避免审查图纸及施工验收时出麻烦，建议在施工图设计说明中，对此设计的依据做特别的说明，并列出条文号。

7.3 人防工程火灾的特点

地面建筑有窗、外墙与大气相通，窗玻璃在温度 280℃就会破碎，80% 的热烟都可以从窗口排出建筑外，在热烟从窗口上半部排出的同时，窗口下部还可以进空气。人防工程绝大多数没有窗口，与工程外部相连的孔洞少而且面积小。

概括起来地下火灾主要特点有以下几点：

1）发生火灾后，由于不能通过开启门窗排烟，热烟不易散出。

火灾时的发烟量与可燃物的物理化学特性、燃烧状态、供氧充足程度有关。人防工程火灾开始时与地面建筑情况相近，在同等条件下，人防工程发生火灾时一般供氧不足，阴燃时间稍长，发烟量大。由于烟的迅速集聚和在工程内扩散，工程内很快充满烟，有限的人员出入口会变成“烟筒”，热烟运动方向与人员疏散方向一致。而人流的速度远小于烟气流动的速度。人水平疏散的速度，正常条件下为1.0~1.2m/s，烟水平流动的速度为0.5~1.5m/s；人上楼梯的速度最快为0.6m/s，而烟向上流动的速度为水平方向流速的3~5倍。因此，火灾人员疏散时必然受到上升烟气的影响。

2）由于人防工程内部空间封闭，发生火灾后，温度提高很快，会提前出现“爆燃”现象。根据地面建筑燃烧试验，当火灾房间的温度上升到400℃以上时，起火房间会瞬时由局部燃烧变为全面燃烧，房间一切可燃物会在瞬间全部烧着，并伴随着较大的响声，形成爆燃，之后温度可能会升至800~900℃。

火灾标准时间温度曲线值见表7-1。

表7-1　火灾标准时间温度曲线值

时间（min）	5	10	15	30	60	90	120	180	240	360
温度（℃）	556	659	718	821	925	986	1029	1090	1133	1193

火灾房间空气体积急剧膨胀，烟气中的一氧化碳、二氧化碳等有害气体的浓度迅速增高。这种高温有毒的浓烟气体冲到哪里，就会使哪里的可燃物燃烧。而人体对高温的耐受时间是有限度的，如表7-2：

表7-2　掩蔽人员对高温的耐受时间

时间	<5min	5min	30min	2h	4~8h	27~72h
温度（℃）	150	140	100	65~80	46~85	35~41

3）缺氧、有毒气体突增。当可燃物燃烧时会导致人防工程内缺氧，同时不完全燃烧产生的一氧化碳及人工合成的有机材料的燃烧会产生许多有毒气体，使人缺氧昏倒、中毒死亡（表7-3、表7-4）。

表7-3　缺氧对人体的影响

空气中含氧量（%）	对人体的影响
21~15	肌肉活动能力下降
10~14	四肢无力，产生判断错误
6~10	晕倒

表 7-4　CO 对人体的影响

CO 浓度（%）	呼吸时间	产生的症状
0.05	3h	可能死亡
0.15	20min	头痛、呕吐，数小时内死亡
0.4	1h	死亡
1.3	呼吸一口	昏迷，1～3min 死亡

4）能见度低，疏散扑救困难。火灾时，正常电源切断，人员依靠事故照明和疏散标志指示灯疏散，无自然采光，在火灾时能见度低，安全疏散比地面困难。

5）扑救地下火灾时，指挥决策、通信难度大。由于烟雾和高温影响出入口，消防人员、设备不容易进入第一火场，消防人员进入人防工程救火要比地面难得多。

对于大型的人防工程，往往与地面众多的商业建筑、多条地下交通通道等构成一个综合体，出入口多、内部空间关系复杂。平时人员迷路的可能性就大，发生灾害后更不利于疏散和救火。

人防工程的消火栓给水系统、自动喷水灭火系统的设计，与地面建筑消防设计相比，除在防火分区划分的面积标准有些区别外，其他要求基本上相同。在灭火器配置数量计算方面，比地面的配置数量多。对穿越人防工程围护结构的消防管道，要按照人防规范的要求，增加防护阀门及密闭套管处理。

7.4　柴油发电机房的消防设计

柴油发电机房消防设计的依据是《人民防空工程设计防火规范》GB 50098，其中第 7.3.3 条规定："柴油发电机房、直燃机房、锅炉房、变配电室和图书、资料、档案等库房，宜设置二氧化碳等气体灭火系统，但不应采用卤代烷 1211、1301 灭火系统；或按现行国家标准《建筑灭火器配置设计规范》的规定设置灭火器。重要通信机房和电子计算机机房应设置气体灭火系统。"在实际设计中，可以采用《建筑设计防火规范》中规定的"水喷雾灭火系统"，或采用气体灭火系统。

8 柴油电站给水排水及供油系统设计

电站分固定电站和移动电站。固定电站的典型布置如图 8-1 所示，柴油发电机组和控制室分开布置，有独立的通风系统，具有自动控制或隔离控制功能。其控制室和人员休息室、厕所等为清洁区；发电机房、贮水间、储油间、进（排）风机室、机修间等设在染毒区。控制室与发电机房之间设置密闭隔墙、密闭观察窗和防毒通道。采用气体灭火系统时，要求设置独立的储气间。固定电站的设置可作为独立的防护单元，但多数与主体工程相结合成为一个防护单元。

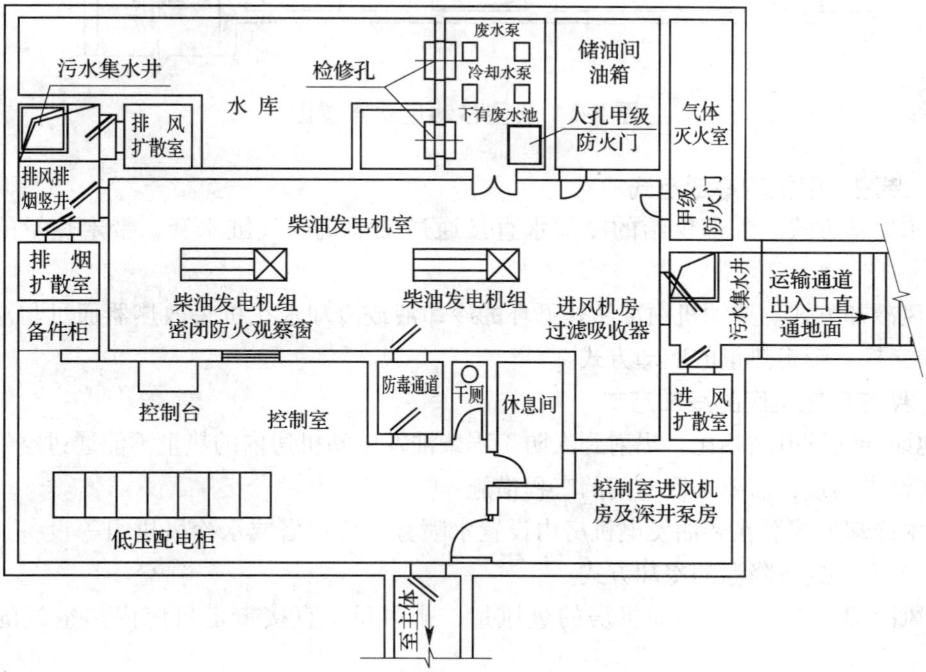

图 8-1 典型固定电站布置图

移动电站的典型布置如图 8-2 所示，是指战时具有运输条件，发电机组拖入方便，柴油发电机房与控制室合一，有独立的通风系统，就地操作的柴油电站。移动电站为染毒区，在与主体清洁区连通处，应设置防毒通道。电站战时染毒时，操作人员需带防毒面具和必要的防护服进入电站操作。

为便于表述人防工程柴油机发电站的给排水设计问题，还需明确几个概念。

（1）燃油在柴油机内燃烧所产生的热量

燃油在柴油机内燃烧所产生的热量，被转化为以下几部分：

1）由柴油机轴输出至发电机的有用功；

2）通过烟气带走的热量；

3）由机组表面通过辐射、对流方式散发到周围空气中的热量；

4）通过机头散热器的热交换，被冷却水或风冷却带走的热量。

这几部分所占的比例与柴油发电机组的效能有关。

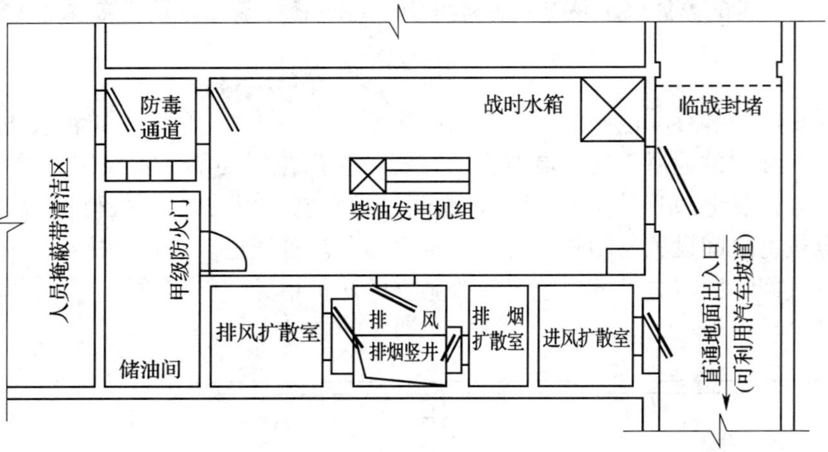

图 8-2 典型移动电站布置图

（2）柴油发电机的冷却方式

1）水冷却方式。外部供给的冷却水直接通过柴油机的气缸水套，带走热量的冷却方式。

2）风冷却方式。柴油机内部闭式循环的冷却液或冷却水在机头散热器通过与流动的空气进行热交换，带走热量的冷却方式。

（3）柴油电站机房的冷却方式

与地面柴油发电站相比，辐射到人防工程柴油发电站机房内的热量不能通过空气自然对流的方式带走热量，需要采取专门的工程措施。

1）水冷却方式。在柴油发电机房内设置水喷雾、冷却塔或水冷风机组等设备，对柴油发电机房的空气进行降温的冷却方式。

2）风冷却方式。通过增加机房的进风量、排风量，直接带走机房内热空气的冷却方式。

机房水冷却方式的优点是，能保证机房降温的效果，排至工程外部排风口的排风温度与周围环境的温差较小，有利于工程的伪装。缺点是需要的冷却水量大，水库占用面积较大，增加造价；虽有利于伪装，但还不能完全达到伪装的降温要求。这种冷却方式多用于等级较高的人防工程。

机房风冷却方式的优点是，冷却系统简单，节约造价。缺点是排风的温度与周围环境的温差较大，不利于工程的伪装。对于城市中建造的一般防空地下室，由于城市中的热源多，且普通人防目标不是现代战争中精确制导武器打击的重点，为节约防空地下室的造价，宜采用风冷却系统。

由于柴油机及柴油发电机房都有两种冷却方式，在平时的表述中，经常有混淆。在给排水的设计方面，要综合考虑柴油发电机的冷却及机房的冷却，采用合理的组合方式。

8.1 水冷却系统的设计

8.1.1 柴油机水冷却系统的设计

由于冷却水直接通过气缸水套进行冷却，这种冷却方式的冷却效果容易得到保证。在设计上要注意以下问题：

（1）冷却水的水质

由于冷却水直接通过气缸水套，且水温较高，如果水质不良，容易出现结垢现象。结垢将导致气缸壁导热性能下降，影响冷却效果，还容易产生受热不均的现象，影响柴油机使用寿命及发电效率。

冷却水水质常见的问题有：水的硬度大，导致管路系统结垢严重；酸性大，容易腐蚀冷却设备；浑浊度高，产生泥沙沉积，影响冷却效果。

冷却水水质一般要达到以下要求：

1）没有游离的矿物质及有机酸；

2）有机物含量<25mg/L；

3）悬浮物含量<25mg/L；

4）暂时硬度（以$CaCO_3$计）<180mg/L；

5）含油量<5mg/L；

6）pH 值在6.5~9之间。

（2）冷却水的水温

柴油机冷却水进、出水温差不易过大，一般控制在温差为15~25℃。冷却水出水温度不易过高，当气缸壁温度超过150℃时，润滑油易于碳化，加速活塞的磨损，破坏密封性能，降低柴油机的热效率。冷却水进水的水温也不易过低，否则宜冷却过度，影响柴油机的热效率。有些柴油机自带有温度调节器来自动调节进入柴油机的冷却水量，一般控制冷却水出水温度在65~75℃。没有温度调节器的，宜设置混合水箱控制温度。

（3）冷却水量计算

一般柴油机样本都提供柴油机的冷却水量及进、出水的温差要求，如无准确资料或参数有变化时，可按下式进行计算：

$$Q=\frac{m\varepsilon NbK}{C(t_2-t_1)\rho 1000} \tag{8-1}$$

式中 Q——柴油机在额定功率下的冷却水量（m^3/h）；

m——柴油机同时运行的台数；

ε——冷却水带走的热量占燃油燃烧放出的热量的百分比，一般取25%~35%；

N——柴油机的额定功率（kW）；

b——燃油消耗率［kg/(kW·h)］；

K——燃油的发热量，一般柴油的发热量约41900kJ/kg；

C——水的比热［4.19kJ/(kg·℃)］；

t_1——冷却水的进水温度（℃），一般取t_1=40~60℃；

t_2——冷却水的出水温度（℃），一般取 $t_2=50\sim80$℃；

ρ——水的密度（kg/m^3）。

8.1.2 柴油机房水冷却系统的设计

机房冷却需带走的热量计算，可按下式进行计算：

$$q = m\varepsilon NbK \tag{8-2}$$

式中 q——机房空气冷却需带走的热量（kJ/h）；

ε——柴油机组释放到机房的热量占燃油燃烧放出的热量的百分比，一般取2%～5%；

其他参数含义同前。

（1）局部加湿蒸发冷却方式

其原理是将水雾化，喷到柴油机房，水吸收机房内热空气的热量，由液态变为气态，其冷却效率比表冷式高。采用的设备一般是电动喷雾机，直接安装在发电机组的上方。国内生产的电动喷雾机有 101 型（固定式）和 103（旋转式），用电量为 0.18kW，用水量为 80kg/h。这种冷却方式系统简单，管线少，运行灵活，占用面积小，而且可以节水。缺点是造成机房内湿度较大，不适宜于平时使用。

其冷却水的消耗量按下式计算：

$$Q = \frac{q}{C_i} \tag{8-3}$$

式中 Q——柴油机在额定功率下的冷却水量（kg/h）；

C_i——水的汽化潜热（kJ/kg）；

（2）冷却塔冷却方式

平时使用时，柴油机房内热空气通过工程外设置的冷却塔进行冷却，达到降低机房内温度的目的。战时使用时，通过电站设置的冷却水库自然冷却。

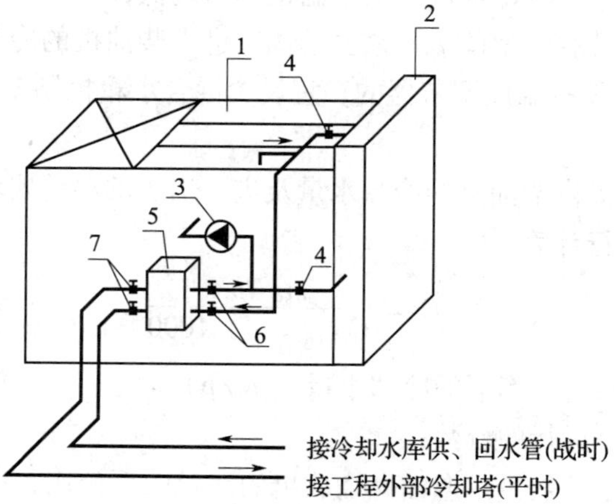

图 8-3 柴油机水冷却原理图

1—柴油机；2—机头散热器；3—柴油机自带冷却水泵；

4—冷却水管道控制阀门；5—柴油机外置热交换器；6、7—冷却水管道控制阀门

控制水流程的方法是，关闭阀门 4，打开阀门 6、7，冷却水由冷却水池（战时）或工程外部冷却塔（平时）供水，对柴油机进行冷却。

（3）冷风机冷却

机房内的热空气，通过与机房内设置的冷风机进行热交换，降低温度。冷风机的出水可以进一步冷却柴油机，如图 8-4 所示。

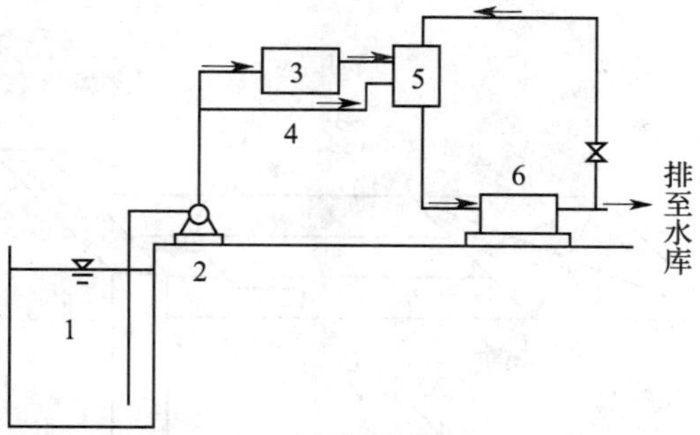

图 8-4　柴油发电机房设冷风机的冷却系统

1—贮水池；2—水泵；3—风冷机组；4—补水管；5—混合水箱；6—柴油发电机

图中，混合水箱起调节柴油发电机冷却水进水水温的作用。在启动阶段，可加大柴油机冷却水回流量，以使进水温度尽快达到最低温度的要求。

8.2　风冷却系统的设计

常见的风冷式移动电站平面布置如图 8-5 所示。

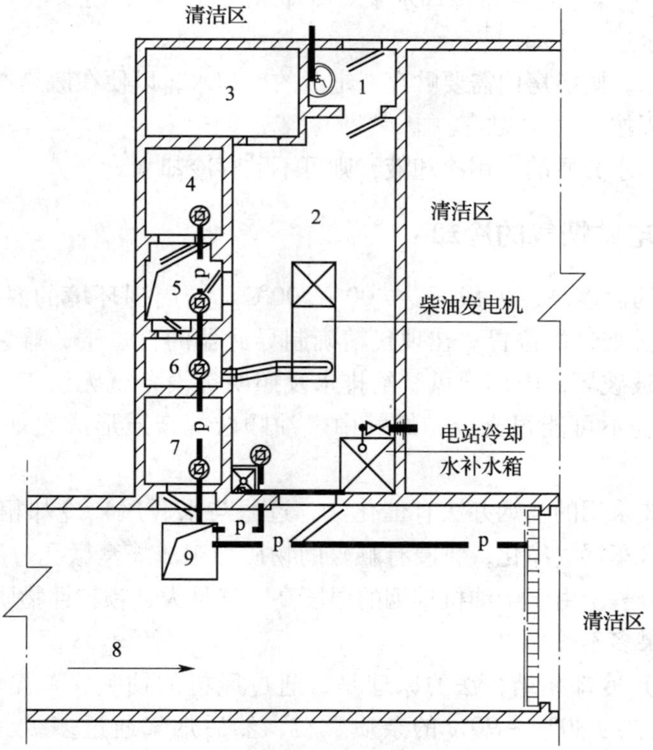

图 8-5　风冷电站示例

1—防毒通道；2—发电机房；3—贮油间；4—排风扩散室；
5—排风排烟竖井；6—排烟扩散室；7—进风扩散室；8—平时汽车道；9—洗消集水坑

常用的风冷却系统如图 8-6 所示。柴油发电机气缸套的冷却液为闭式系统，机头的风扇将散热器中冷却液的热量交换给机房的空气，温度升高的空气通过排风管直接排至工程外部。柴油机的这种使用工况类似于在地面使用，其冷却效果是容易保证的。

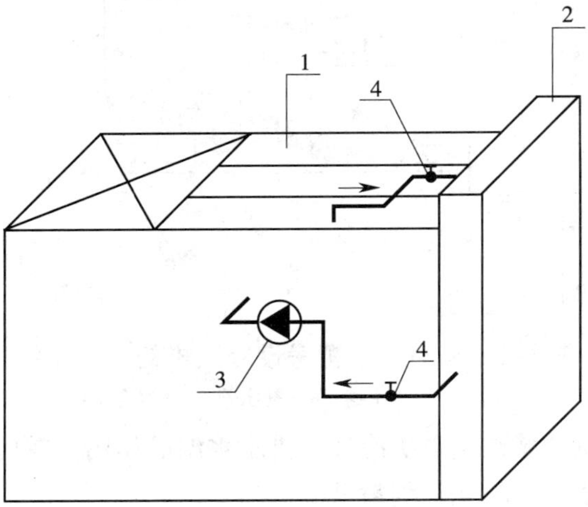

图 8-6 柴油机风冷却原理图

1—柴油机；2—机头散热器；3—柴油机自带冷却水泵；4—冷却水管道控制阀门

打开阀门 4，利用柴油机自带冷却水泵对冷却水进行循环，机头散热器和空气进行热交换，对柴油机冷却水进行冷却。

如果冷却液是水，则机房内需要贮存一定量的冷却水，以便在散热器内的水温度过高时进行补充。一般工程按 1 ~ $2m^3$贮存。

如果冷却液是非水介质的专用冷却液，则可不贮存冷却水。

8.3 柴油发电站烟气的冷却

柴油电站排烟的温度高，一般可达 400 ~ 500℃，与周围环境的温差大，很容易被红外侦察手段侦察到排烟口的位置。在现代精确制导武器的打击下，难以保障电站的安全，而工程的电站一旦被破坏，内部通风、给排水及照明等设备就无法正常工作。除高温外，由于柴油机燃油燃烧不可能很充分，烟气中燃油颗粒等杂质形成黑烟，容易形成可见光暴露征候。

目前，国内主要采用的消烟办法有催化法，过滤与水（风）冷却相结合法。催化方法的主要原理类似于汽车尾气净化，将浸有触媒的物质加工成蜂窝微孔过滤器，当 SO_2、NOx 等物质通过时，被分解。由于柴油机排烟的温度高、气量大、颗粒性物质多，催化方法在实际工程的应用中效果多不够理想。

过滤与水（风）冷却相结合法的原理是，通过风机的抽吸，首先将烟气通过一个粗过滤器，截留烟气中约 80% ~90% 的杂质颗粒，然后烟气通过多级（2 ~3 级）表冷式（水 ~ 烟气）换热器进行快速冷却，将烟气温度降低。对于等级较高的工程，可以在后面再增加一级过滤及新风混合冷却。这样可有效地消除黑烟，并使烟气温度降低至接近环境温度。

这种冷却方式需要消耗一定量的冷却水，冷却水的消耗量可按下式计算：

$$Q = \frac{m\varepsilon NbK}{C(t_2 - t_1)\rho 1000} \tag{8-4}$$

式中 Q——在额定功率下烟气冷却的冷却水量（m^3/h）；

ε——烟气带走的热量占燃油燃烧放出的热量的百分比，一般取25%～30%；

t_1——冷却水的进水温度（℃）；

t_2——冷却水的出水温度（℃），一般取$t_2 = 70 \sim 80$℃。

其余各项含义同前。

8.4 柴油发电站冷却水的贮存

当柴油机房或柴油发电机组采用水冷却方式时，应在机房内设置贮水池。水池的容积根据额定功率下冷却水的消耗量和规范要求的贮水时间确定。

如《人民防空地下室设计规范》GB 50038规定的贮水时间如表8-1：

表8-1 柴油发电机房贮水池贮水时间

水源条件	贮水时间
无可靠内、外水源	2～3d
有防护的外水源	12～24h
有可靠的内水源	4～8h

移动式电站或采用风冷方式的固定式电站，其贮水量应根据柴油机样本中的小时耗水量及表8-1要求的贮水时间计算。如无准确资料，贮水量可按1～2m^3设计。在柴油机房内宜单独设置冷却水贮水箱，并设置取水龙头。

8.5 柴油电站给排水设计的一般要求

1）采用水冷却的柴油发电机组宜设置混合水箱。该水箱用水对柴油机冷却水的进水水温进行调节，以便控制进水的水温。其容积可按柴油发电机运行机组在额定功率工作5～15min的冷却水量计算。

2）在柴油发电机的进、出水管上，安装短路管，在柴油机启动初期，将其阀门打开，使柴油机能迅速启动。

3）当柴油发电机房没有可靠的外电源时，可采用高架水箱（如混合水箱位置合适，可以不另设）解决柴油机供水的启动问题。

4）在进、出水管上设置温度计，便于观察和控制进、出水温度。在出水管上设置看水器（如水流指示器、滴水漏斗等），以监视水的流动情况。在管内有存气可能的部位设置放气阀。

5）柴油发电机房内的各种用水管线，宜设在地沟内，并在地沟内设置集水坑和地漏，以便及时排出积水。

6）在柴油发电机房控制室与机房的防毒通道内设置简易洗消的设施，如设取水龙头及洗脸盆，供检修人员再次进入控制室时洗消。

8.6 柴油电站的供油设计

人防工程的供油系统，一般由口部的油管接头井（或接油口）、输油管、贮油池、加压泵、过滤器和内部日用油箱等组成，如图 8-7 ~ 图 8-9 所示。防空地下室大部分采用自流供油系统，即外部输油车（油桶）利用自然高差将油自流到工程内电站中高架油箱（池）内。如经输油管阻力计算，不能克服阻力损失，则需设至临时油泵将油从工程外部加压输送至工程内的油箱。

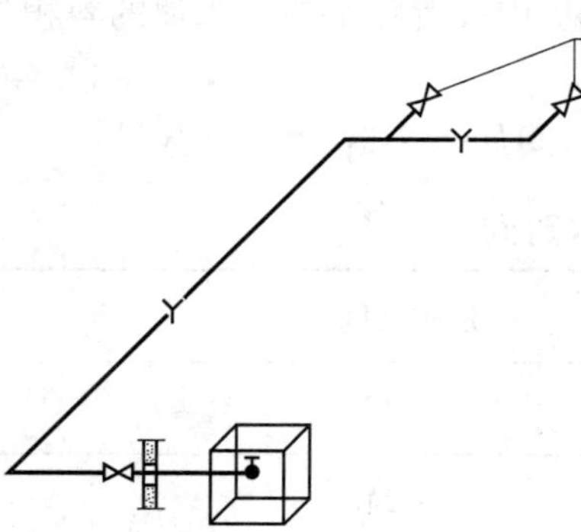

图 8-7 电站柴油引入

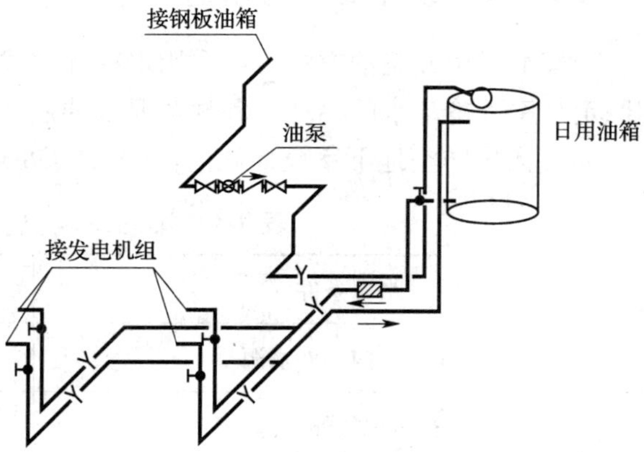

图 8-8 电站内供油系统图

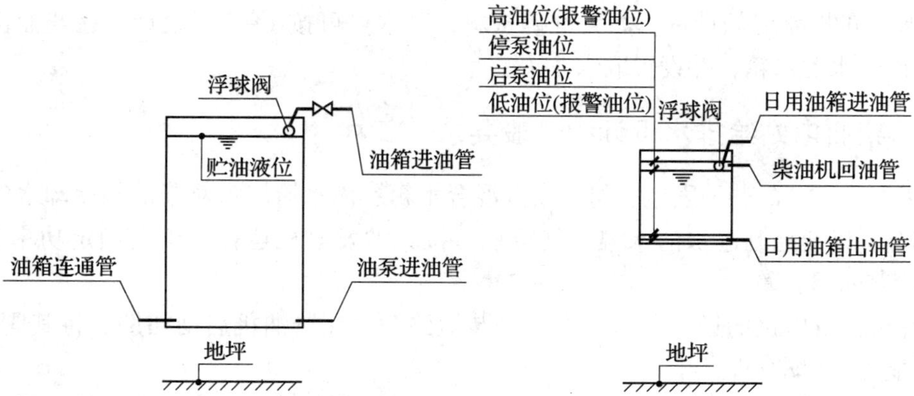

图 8-9 油箱液位控制示意图

油管接头井（阀门井）是连接外部输油车（管）和内部输油管的措施，也是供油系统的防爆措施。其位置一般设在工程口部防护密闭门内适当的位置，也可就近由工程维护结构引入。应在油管接头井内或引入的外墙（顶板）内侧设置防爆波阀门，其抗力应不小于 1MPa。

油池（箱）容积按下式计算：

$$V=\frac{24mNbT}{1000\gamma} \tag{8-5}$$

式中 N——单台柴油发电机的额定功率（kW）；

T——规范要求的贮油时间，一般为 7 ~ 15d；

γ——柴油容重（0.831 ~ 0.861kg/L），计算可取 $\gamma=0.85$kg/L。

其余各项含义同前。

油箱宜采用钢板油箱，有条件的可购置成品油罐。现场钢板加工油箱成本较低，可以按国家标准图集《小型立、卧式油罐图集》02R111 进行加工。油箱至少要设计 2 只，以便燃油沉淀。

如柴油机无自带日用油箱，还需另行加工日用油箱。该油箱应架高设置，使油能自流进入柴油机，并按每台柴油机各设一个油箱考虑，如柴油机为一用一备，则可共用一个。日用油箱一般贮存柴油机 8 ~ 12h 的用油量。

对于平时不运行的柴油电站，为了防火安全，平时油箱不易贮存柴油。如需临时检测、调试柴油机组，可利用日用油箱供油。各专业需密切配合，共同采取严密的防火措施。一般贮油间单独设置，安装防火门，采用防爆灯，设置防爆排风口，排烟管不允许穿过贮油间。由于柴油的挥发性小，贮油箱可以不设置专用的、接至工程外部的透气管和呼吸器。

输油管的管径、阻力损失计算的基本公式与水管计算相同。输油管的沿程阻力损失计算按下式计算：

$$h_y=0.85\lambda\frac{L}{d}\frac{v^2}{2g}\qquad(\mathrm{mH_2O}) \tag{8-6}$$

式中 h_y——油管的沿程阻力损失（mH_2O）；

d——管道的管径（m）；

L——管道的计算长度（m）；

v——管道内油的流速（m/s）；

g——重力加速度（9.81m/s^2）；

λ——摩擦系数，与管道内表面的粗糙度及流动状态（雷诺数）有关；

0.85——油的阻力换算为水的阻力的换算系数，为油的比重。

为简化计算，局部阻力损失按沿程损失的 25% ~ 30% 估算。沿程损失按表 8-2 计算。该表适用于轻质柴油，管道适用于无缝钢管、镀锌钢管。

管道总阻力损失为沿程阻力损失和局部阻力之和：

$$h=(1.25\sim1.30)h_y\qquad(\mathrm{mH_2O}) \tag{8-7}$$

常用的输油泵为齿轮油泵或手摇泵。工程外部的增压油泵可选择移动泵。油管一般选用镀锌钢管、无缝钢管或铜管。使用的阀门应选用油用阀门，否则会漏油。油箱的其他设置要求与水箱基本相同。

表 8-2　油管单位长度阻力损失计算表

Q	DN50		DN70		DN80		DN100		DN125		DN150	
	v	i	v	i	v	i	v	i	v	i	v	i
0. 25	0. 127	0. 001122	0. 065	0. 000289								
0. 30	0. 153	0. 00136										
0. 40	0. 204	0. 001811										
0. 50	0. 255	0. 00227	0. 130	0. 000587	0. 100	0. 000119						
0. 60	0. 306	0. 00272	0. 156	0. 000706								
0. 70	0. 357	0. 005083	0. 182	0. 000825								
0. 80	0. 408	0. 006418	0. 208	0. 000944								
0. 90	0. 459	0. 007888	0. 234	0. 001063								
1. 00	0. 510	0. 009486	0. 260	0. 001913	0. 199	0. 000689	0. 127	0. 000281				
1. 25	0. 638	0. 014034	0. 325	0. 002839								
1. 50	0. 765	0. 019321	0. 390	0. 003885								
1. 75	0. 893	0. 025628	0. 455	0. 005083	0. 398	0. 003417						
2. 00	1. 020	0. 032819	0. 520	0. 006443			0. 225	0. 00119	0. 163	0. 000408	0. 113	0. 000179
2. 25			0. 585	0. 007922								
2. 50			0. 650	0. 00952								
3. 00			0. 780	0. 013107	0. 598	0. 006953	0. 383	0. 002406	0. 245	0. 000842	0. 170	0. 000349
4. 00			1. 04	0. 023231	0. 797	0. 011458	0. 509	0. 003978	0. 326	0. 001377	0. 227	0. 000578
5. 00			1. 30	0. 035148	0. 996	0. 017459	0. 637	0. 005857	0. 408	0. 00204	0. 238	0. 000859
6. 00			1. 56	0. 049555	1. 195	0. 024438	0. 764	0. 008118	0. 489	0. 002814	0. 340	0. 00119
8. 00			2. 08	0. 085417	1. 594	0. 041965	1. 019	0. 013677	0. 625	0. 004658	0. 453	0. 001955
10. 00			2. 60	0. 130076	1. 992	0. 063393	1. 274	0. 020672	0. 816	0. 006877	0. 566	0. 00289
12. 00			3. 12	0. 18315	2. 390	0. 089709	1. 529	0. 02907	0. 980	0. 009588	0. 680	0. 003978

注：计量单位：Q—L/s；v—m/s；i—mH_2O/m。

9 人防工程给水排水系统设计综合示例

9.1 单建掘开式人防工程设计

9.1.1 工程概况

本工程为单建式人防工程，总建筑面积5000m²。战时分为3个防护单元，5级一等人员掩蔽单元2个，每个防护单元战时掩蔽人数800人。战时6级物资储备单元1个。平时分为三个防火单元。工程平时作为地下人行过街道及地下商场使用。

9.1.2 生活给水

（1）平时给水

按照《人民防空工程设计规范》GB 50225，平时工作人数确定为180人，用水量标准40L/（人·d）。

用水量：

$$Q = 40 \times 180 = 7200(\mathrm{L/d})$$
$$= 7.2\mathrm{m^3/d}$$

小时变化系数 $k = 2.5 \sim 2.0$，取 $k = 2.5$

最大小时用水量：

$$q_{\max} = \frac{2.5 \times 7.2}{24} = 0.75(\mathrm{m^3/h})$$

根据布置的卫生器具统计，平时总给水当量为：

$$(18 \times 0.5 + 2 \times 1) \times 2 = 22$$

根据秒流量计算公式：

$$q_g = 0.2\alpha \sqrt{N_g}$$

本工程生活用水设计秒流量为：

$$q_g = 0.2 \times 1.5 \sqrt{22} = 1.4(\mathrm{L/s})$$

每个人员掩蔽单元的给水当量为11，设计秒流量采用上式计算得：0.8L/s。

暖通专业提供的空调等设备最大小时补水量为15m³/h＝4.2L/s

本工程最大小时用水量为15.75m³/h，设计秒流量为5.6L/s。市政管网水压能满足地下工程平时直接供水的使用要求，本工程给水平时采用市政自来水管网直供。考虑到消防水池的补水，进水管管径为DN80。为满足室外消火栓的设置要求，从市政自来水管引入的给水管管径为DN100。

（2）战时给水

按《人民防空工程设计规范》GB 50225，本工程无内部水源，外水源为城市自来水，为无防护外水源。各防护单元战时贮水量计算如表9-1。

表 9-1 各防护单元战时贮水量计算表

用水类别	生活用水		饮用水		人员洗消 (m^3)	口部冲洗 [L/(m^2·次)]
标准	标准 [L/(人·d)]	时间 (d)	标准 [L/(人·d)]	时间 (d)		
	4	10	5	15	1~2	5~10
用水量 (m^3)	32		60		2	4

每个一等人员掩蔽所战时贮水量为：

$$32+60+2+4=98m^3$$

第一防护单元内设了供平时使用的消防水池，容积为 184m^3，战时该防护单元的生活饮用水水池与平时消防水池合用，能满足战时用水要求。第二防护单元临战前安装装配式玻璃钢水箱，有效容积为 100m^3。每个防护单元战时生活用水选用 SPGL-1-0624 型号变频供水装置，带有一个小气压罐保证微量用水。配水泵 KQL40-125 水泵，流量 1.75L/s，扬程 20mH_2O，功率为 $N=1.1kW$，一用一备。

9.1.3 消防给水

(1) 消火栓给水系统

根据《人民防空工程设计防火规范》GB50098，本工程同时使用水枪数量为 2 支，每支水枪最小流量为 5L/s，消火栓用水量 10L/s。消火栓采用 SN65、Φ19mm 水枪，水龙带长度为 20m。

消火栓布置间距计算：

消火栓充实水柱以 10 米计，消火栓保护半径 R 为：

$$R=L_d+L_s=20\times0.8+0.71\times10=23.1m$$

GB 50098 规范要求两个水柱同时达到任意一点，由于建筑物内部墙体的阻挡及建筑平面的不规则性，消火栓的布置间距按图纸上测量为准，保证任意一点都有两支水枪能到达。

消火栓栓口处需要水压 H_{xh}：

水枪喷口处压力：

$$H_q=\frac{\alpha_f H_m}{(1-\varphi\alpha_f H_m)} \tag{9-1}$$

式中 H_q——造成某充实水柱水枪喷嘴处要求的水压 (mH_2O)；

H_m——水枪射流的垂直充实水柱长度 (mH_2O)；

α_f——与充实水柱长度有关的实验系数；

φ——与水枪喷口直径有关的实验系数。

选用 19mm 喷嘴，$\varphi=0.0097$。当 $H_m=10mH_2O$ 时，$\alpha_f=1.2$。

$$H_q=\frac{1.2\times10}{(1-0.0097\times1.2\times10)}=13.6(mH_2O)$$

水枪流量校核按下式计算：

$$q_x=\sqrt{BH_q} \tag{9-2}$$

式中 q_x——水枪喷口的流量（L/s）；

B——水枪喷嘴出流特性系数，与水枪喷口直径有关。19mm 喷嘴，$B=1.577$。

$$q_x = \sqrt{1.577 \times 13.6} = 4.63(\mathrm{L/s})$$

不能满足水枪最小流量的要求，将充实水柱提高为 $H_m=12\mathrm{mH_2O}$，继续代入公式(9-1)、式（9-2）计算，得到：

$$H_q = 16.7(\mathrm{mH_2O}), q_x = 5.14(\mathrm{L/s})$$

水龙带水头损失按下式计算：

$$h_d = A_d L_d q_x^2 \tag{9-3}$$

式中 h_d——水龙带的水头损失（$\mathrm{mH_2O}$）；

A_d——水龙带的比阻；

L_d——水龙带的长度（m）；

q_x——水枪喷嘴处的射流量（L/s）。

选用 DN65 帆布水龙带，长度 $L_d=20\mathrm{m}$，$A_d=0.0043$。

$$h_d = 0.0043 \times 20 \times 5.14^2 = 2.3(\mathrm{mH_2O})$$

消火栓出口处所需压力为：

$$H_{xh} = h_d + H_q = 2.3 + 16.7 = 19\ (\mathrm{mH_2O})$$

消火栓管道系统水力计算：

在工程内部，消火栓设置成环状网，最不利消火栓距消火栓加压泵的管路长 160m，在通过 10L/s 流量，管径 DN80 条件下，查钢管（水煤气管）水力计算表，$1000i=117$，流速为 2.01m/s。

管道沿程阻力损失：$h_i=160\times0.117=18.72$（$\mathrm{mH_2O}$）

总阻力损失为 $\sum h=1.2h_i=1.2\times18.72=22.46$（$\mathrm{mH_2O}$）

水位标高差为 2m。

消火栓加压泵需要的扬程为：

$$H = 2 + 22.46 + 19 = 43.46(\mathrm{mH_2O})$$

选用 XBD4.4/10－80－170 水泵 2 台，一用一备，流量 10L/s，扬程 44m，电机功率 11kW。

消火栓系统消防用水量：

根据 GB 50098 规范，面积大于 $3000\mathrm{m^2}$ 的人防工程，消火栓系统火灾延续时间为 2h，贮水量为：

$$5.14 \times 2 \times 3.6 \times 2 = 74(\mathrm{m^3})$$

室外设供消火栓使用的 SQS－100 型水泵接合器一套。

（2）自动喷水系统

设计喷水量：

根据《自动喷水灭火系统设计规范》GB 50084，本工程为中危险级Ⅱ级，设计喷水强度为 $8.0\mathrm{L/min\cdot m^2}$，作用面积 $160\mathrm{m^2}$，理论设计喷水量：

$$Q_L = \frac{8 \times 160}{60} = 21.33(\mathrm{L/s})$$

设计喷水量取：

$Q=1.2Q_L=25.6$（L/s）。自动喷水灭火系统的火灾延续时间为1h，消防贮水量为：

$$25.6\times1\times3.6=92(m^3)$$

自动喷水系统管道水力计算：

按节点压力平衡原理进行迭代计算，节点压力误差精确到0.1mH₂O，管道最大流速为5m/s，最大流量26L/s，最不利点水头5mH₂O，水流指示器、湿式报警阀的阻力损失均为2mH₂O。采用专用软件进行计算，主要结果如下：

总流量为26L/s，总阻力损失36.55mH₂O。

自动喷水系统加压泵所需要的扬程按最不利防火分区计算，扬程为36.55mH₂O，流量为26L/s。选择XBD3.8/30－125－170型水泵2台，一用一备，$Q=30$L/s，$H=38$mH₂O，功率22kW。室外设供自动喷水系统使用的SQS－100型水泵接合器2套。

（3）消防稳压系统

由于单建工程无法利用高位水箱来满足火灾初期的消防用水量及水压要求，消火栓和自动喷水系统采用同一套隔膜式气压罐来保证平时管道内的水压。气压罐的调节容积较小，不可能像高位水箱一样有12～18m³，火灾初起按一只消火栓5.0L/s，2只喷头作用2L/s共7L/s流量计算，1min消防用水量为420L，取气压罐调节容积$V_t=0.50$m³。

设最小工作压力为两个喷头工作或一支消火栓工作所需要的水压，沿程损失按下式计算：

$$h=ALQ^2 \tag{9-4}$$

式中 h——沿程水头损失（mH₂O）；

A——管道比阻值（s^2/L^2）；

L——计算管段长度（m）；

Q——计算管道流量（L/s）。

管径DN80、DN25的钢管，管道比阻分别为0.0012和0.44，代入（9-4）式计算：

$$H_{min栓}=2+19+0.0012\times160\times5^2=25.8(mH_2O)$$

$$H_{min喷}=5+0.44\times10\times2^2+0.0012\times150\times2^2=23.32(mH_2O)$$

稳压罐最低工作压力需大于25.8mH₂O。

则$P_{min}=25.8+10=35.8$（mH₂O）。

气压罐容积按下式计算：

$$V_z=\frac{\beta V_t}{1-\alpha} \tag{9-5}$$

式中 V_z——气压罐的总容积（m³）；

V_t——气压罐的调节容积（m³）；

β——气压罐的容积附加系数，工程中一般取补气式卧式气压罐$\beta=1.25$；补气式立式气压罐$\beta=1.1$；隔膜式气压罐$\beta=1.05$。

α——以绝对压力计的气压罐中空气容积中最低与最高工作压力的比值，按照现行国家标准《建筑给水排水设计规范》GB 50015中的规定：气压罐内的最低压力应满足管网最不利处的配水点所需的压力，宜采用0.65～0.85。

采用立式隔膜式气压罐，取$\alpha=0.65$，$\beta=1.05$。

$$V_z = \frac{1.05 \times 0.5}{1 - 0.65} = 1.5(m^3)$$

实际选用SD1000－6隔膜式气压给水罐，罐体容积1.619m^3。气压罐最高工作压力为：

$$P_{max} = \frac{P_{min}}{\alpha} = \frac{35.8}{0.65} = 55(mH_2O)$$

配备KQL40－250B水泵2台，一用一备，$Q = 1.06 \sim 1.94L/s$，$H = 61.6 \sim 56mH_2O$，功率为4kW。

（4）消防水池容积

消火栓系统2h消防用水量为74m^3，自动喷水灭火系统1h消防用水量为92m^3。消防水池进水管管径为DN80，2h内，消防水池能得到的补水量按管道水流速度1m/s计算，补水量为：

$$2h \times 18m^3/h = 36m^3$$

消防水池需要的有效容积为：

$$74 + 92 - 36 = 130(m^3)$$

消防水池实际有效容积为184m^3，能满足消防用水要求。

9.1.4 排水系统

（1）厕所污水池容积及污水排放

A区、C区在厕所下部设有容积为$5.5 \times 4 \times 1.5 = 33(m^3)$的供平时使用的生活污水集水池。选用WQ24－12－2.2污水潜水泵2台，一用一备，流量24m^3/h，扬程12mH_2O，功率2.2kW，出口直径65mm。

（2）化粪池容积

工程内用水量标准按40L/d计算，共180人。由于两个厕所间距远，在工程外部设2个化粪池，查合流制化粪池容积选择表，选用5#矩形钢筋混凝土化粪池。工程内生活污水经化粪池处理后排入市政排水管。

（3）消防排水

由于厕所地面标高低于通道及其他房间的标高，消防废水可由厕所地面的地漏直接流入污水池，然后由污水泵排出。消防废水还可流入工程两侧的雨水集水沟，然后流入雨水集水坑，由水泵排出。每个雨水集水坑的雨水泵设2台，高水位时，第二台水泵也同时启动。该水泵的选型为WQ50－10－3，流量50m^3/h，扬程10mH_2O，功率3kW。

消防废水量为130m^3/h，排水泵排水能力为124m^3/h，再加污水池的调节能力，能满足消防排水要求。

空调机房集水坑容积$1.5 \times 1.5 \times 1.5$（$m^3$），排水泵选型为WQ30－10－2.2，流量30$m^3$/h，扬程10$mH_2O$，功率2.2kW，一用一备。

洗消间排水泵选型为WQ8－12－0.75，流量8m^3/h，扬程12mH_2O，功率0.75kW，临战前安装。

9.1.5 灭火器具配置

根据《建筑灭火器配置设计规范》GB 50140，地下建筑灭火器配置场所扑救初期火灾所需的最小灭火级别合计值按下式计算：

$$Q = \frac{1.3KS}{U} \tag{9-6}$$

式中 Q——计算单元的最小需配灭火级别（A或B）；
S——计算单元的保护面积（m^2）；
U——A类或B类火灾场所单位灭火级别最大保护面积（m^2/A）或（m^2/B）；
K——修正系数。
无消火栓和灭火系统的，$K=1.0$；
设有消火栓的，$K=0.9$；
设有灭火系统的，$K=0.7$；
设有消火栓和灭火系统的，$K=0.5$。

对于独立计算单元，上式中 S 为一个灭火器配置场所的保护面积；对于组合计算单元，上式中 S 为该单元所包括的若干个灭火器配置场所的保护面积之和。

本工程设消火栓和自动喷水灭火系统，K 取0.5。本工程为A类中危险等级，单位灭火级别最大保护面积 U 取 $75m^2/A$。需保护面积 S 为 $5000m^2$。

$$Q = \frac{1.3 \times 0.5 \times 5000}{75} = 43A$$

灭火器一般和消火栓组合配置，本工程共设置16只消火栓，灭火器配置点为16。每个灭火器设置点扑灭初期火灾所需的最小灭火级别按下式计算：

$$Q_e = \frac{Q}{N} \tag{9-7}$$

式中 Q_e——灭火器配置场所每个设置点的最小需配灭火级别，A或B；
N——灭火器设置场所中设置点的数量。

$$Q_e = \frac{43}{16} = 2.68$$

每只3kg磷酸铵盐干粉手提式灭火器为2A，每个点配2只，则每个点的灭火级别为4A。工程总灭火级别为64A，大于43A的要求。

9.1.6 室外消防

室外消防用水量20L/s，室外设3只室外消火栓，因工程附近广场有地上式消火栓2只，本工程只增设1只室外地上式消火栓。设3只地上式水泵接合器。1只水泵接合器与室内消火栓系统相连，2只水泵接合器与自动喷水灭火系统相连。

9.1.7 给水排水施工图设计说明及部分图示例

“给水排水施工图设计说明”是施工图的重要组成部分，主要介绍给水排水系统平时和战时的基本组成、主要技术参数、管材的选择及施工验收要求等内容。单建掘开式人防工程是比较复杂的一类人防工程，以下是本设计示例的给水排水施工图设计说明（图9-1～图9-3）。

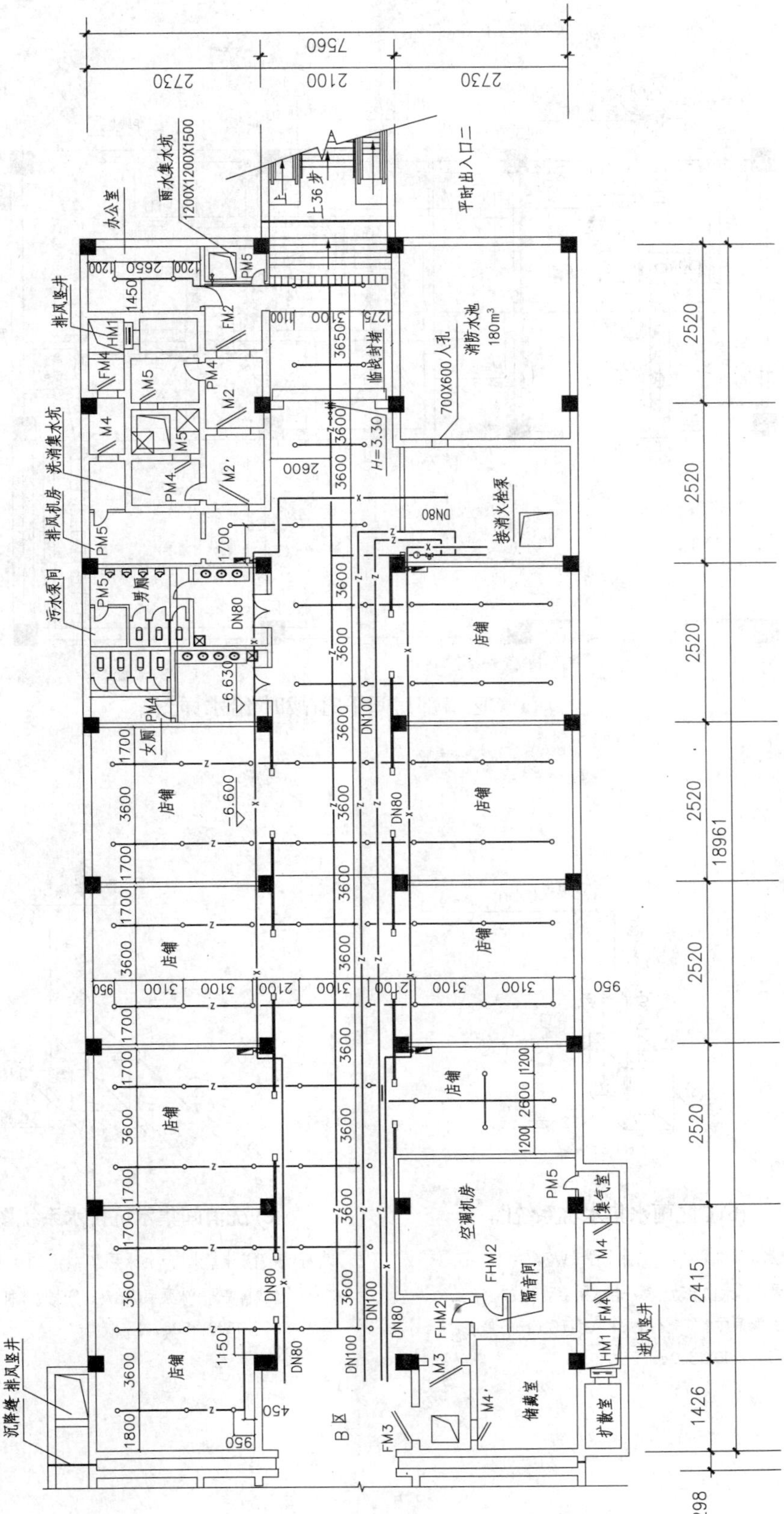

图9-1 C区消防给水平面图

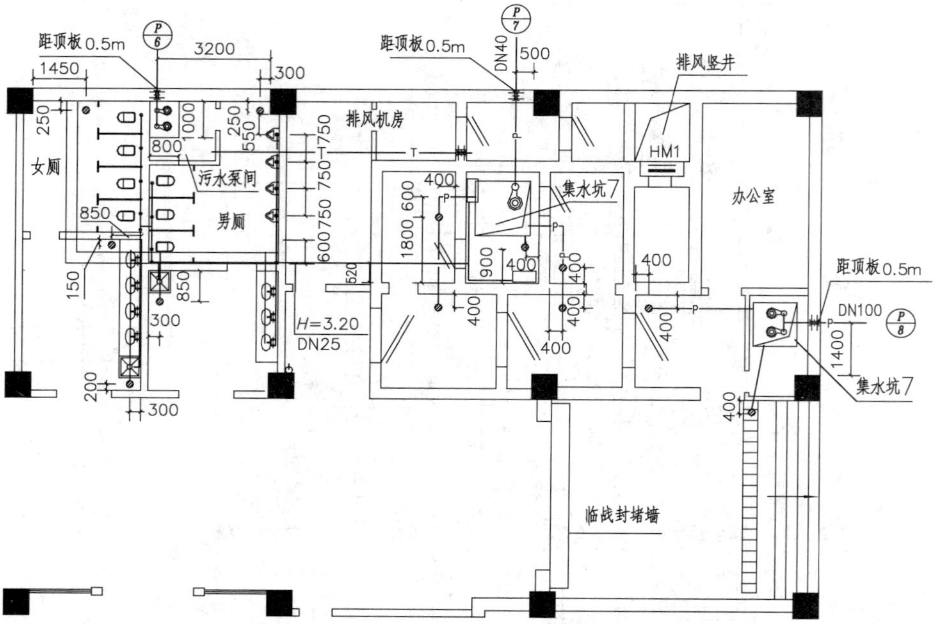

(a) C区口部房间平时(战时)给水详图

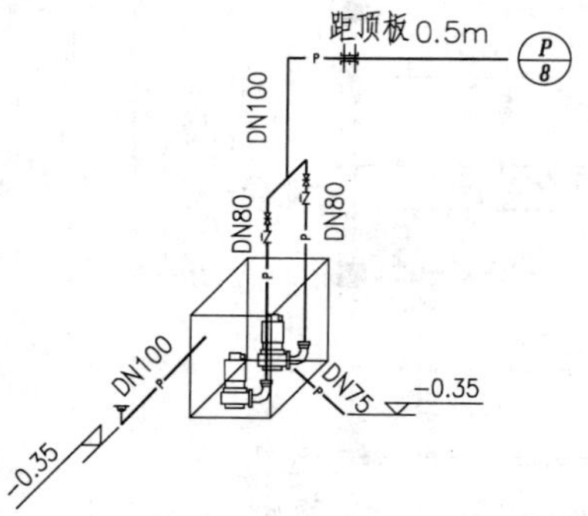

(b) C区雨水集水坑系统图

说明：消防废水、雨水集水坑，污水泵型号WQ40-13-3，2台水泵高低水位启动，第一台水泵启动水位1.2m，第二台水泵启动水位1.4m，停泵水位0.6m。集水坑容积1200X1200X1500。

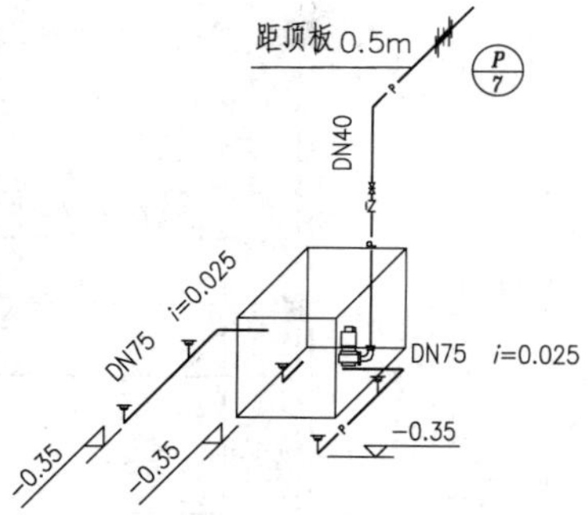

(c) 洗消间集水坑排水系统图

说明：洗消废水集水坑，污水泵为WQ8-12-0.75，临战前安装，水泵手动启动。集水坑容积为1500X1500X1500。

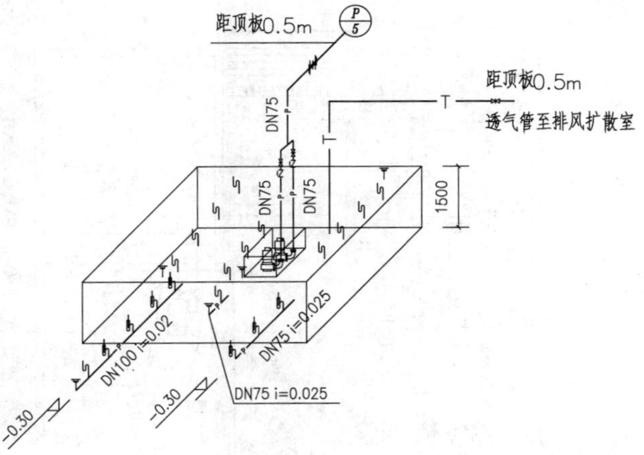

(d)生活污水集水坑系统图

说明：生活污水泵为WQ24－12－2.2，一用一备，
启动水位距污水池顶板0.3m，
停泵水位距污水池顶板1.4m。

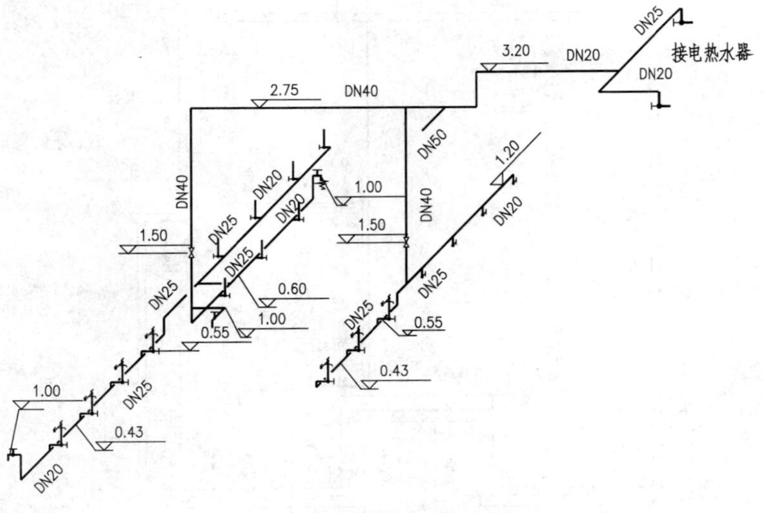

(e) C区战时给水系统图

图 9-2　C 区战时给水排水系统图

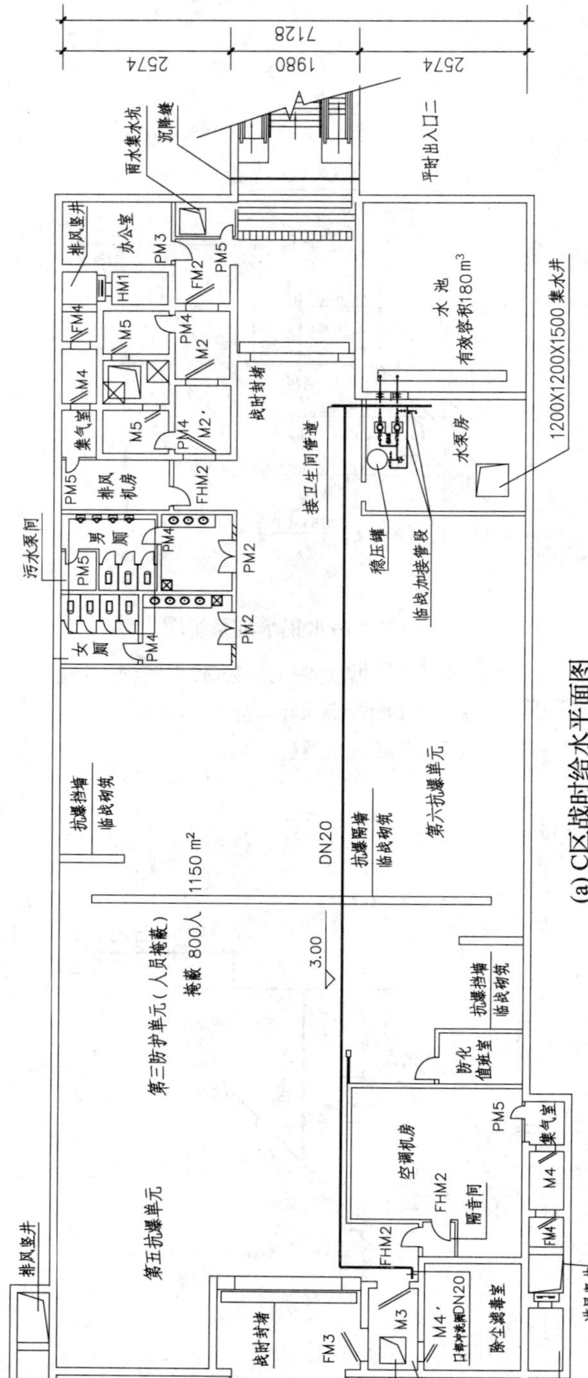
7128
2574
1980
2574
平时出入口二
雨水集水坑
沉降缝
排风竖井
办公室
PM3
PM5
FM2
HM1
FM4
M5
PM4
M2
M4
集气室
M2'
战时封堵
接卫生间管道
排风机房
FHM2
水池
有效容积180 m^3
1200X1200X1500 集水井
水泵房
稳压罐
临战加装管段
污水泵间
男厕
女厕
PM2
抗爆挡墙
临战砌筑
第三防护单元(人员掩蔽)
掩蔽 800人
1150 m^2
DN20
抗爆隔墙
第六抗爆单元
3.00
防化值班室
空调机房
隔音间
进风竖井
第五抗爆单元
FM3
M3
M4'
DN20
口部冲洗阀
除尘滤毒室
沉降缝
FM5
进风扩散室
密闭通道
口部冲洗废水战后
由临时移动水泵排出
1200X1200X1200 集水井

(a) C区战时给水平面图

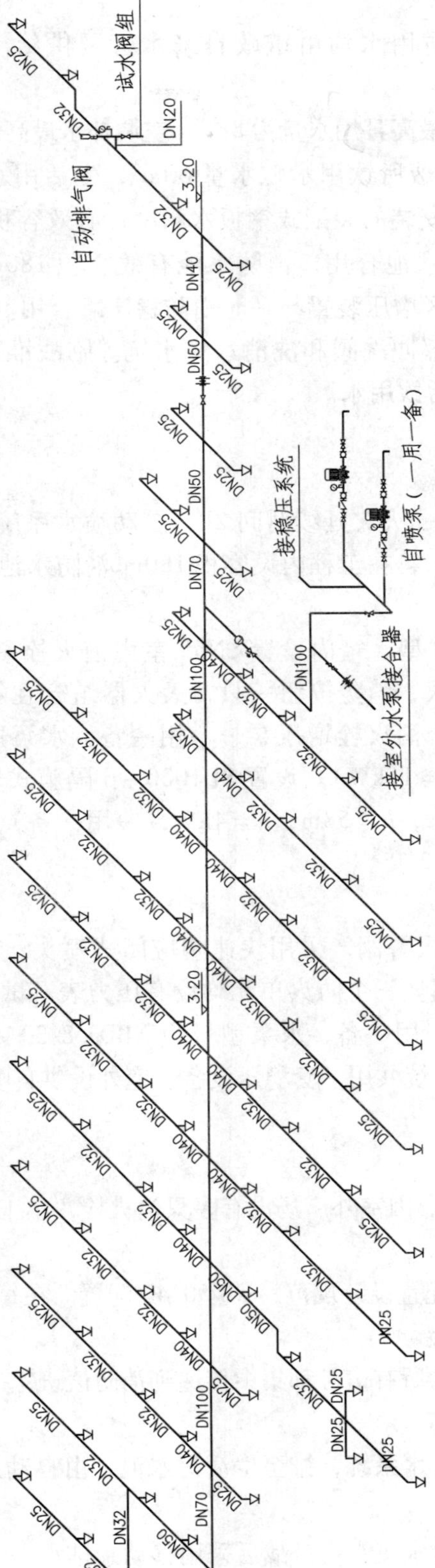

(b) C区自喷给水系统图

图9-3 C区消防系统图及战时给水平面图

（1）给水系统

1）给水水源。生活、消防用水均由市政自来水管网供给，从市政接入的管径为DN100，装设DN100水表。

2）用水量。平时生活用水最高日用水量为8m^3，空调补水最高日用水量为80m^3。

3）战时给水。A区人员掩蔽所饮用水贮水量60m^3，生活用水贮水量30m^3，洗消用水6m^3，共98m^3贮存在临战前安装的装配式钢板水箱中，有效容积100m^3；C区战时贮水量同A区，与本工程平时消防水池合用，消防水池有效容积180m^3。A区设SPGL-1-0624型变频供水装置供水，C区增压装置与平时消防稳压罐合用。A区、C区战时主要出入口设洗消间，各出入口设口部冲洗阀和洗消水集水坑。临战准备阶段，将消防水池排空、清洗、消毒、贮存战时生活饮用水。

（2）消防给水

1）消防用水量

工程内消火栓用水量10L/s，火灾延续时间2h；自动喷水系统用水量26L/s，火灾延续时间1h。消防总用水量180m^3，在工程内设容积180m^3消防水池。

2）消火栓给水系统

消火栓箱选用SG24A65-P型，箱内设置SN65室内消火栓一只，QZ19直流水枪一支，D65长20m衬胶水龙带一根，消防按钮一只，灭火器组合在箱内下方。消火栓给水管网连成环网。消防泵房内2台消火栓增压泵，一用一备，水泵选型为XBD4.4/10-80-170（$Q=10$L/s，$h=44$m，$n=11$kW）。设置SD1000-6隔膜式气压罐一只及KQL40-250B型增压泵2台（$Q=1.5$L/s，$h=58$m，$n=4$kW，一用一备），工程外设供室内消火栓使用的SQS100型水泵接合器2套。

3）自动喷水灭火系统

报警阀选用ZSZ100型湿式报警阀。采用快速响应闭式喷头，喷头动作温度为68℃。设三套水流指示器及压力信号阀。三个防火单元均设有压力表、试水阀组及排气阀。在水泵间设自喷系统增压泵2台，一用一备，水泵型号为XBD3.8/30-125-170（$Q=30$L/s，$h=38$m，$n=22$kW）。与消火栓系统共用一套稳压设备。室外设供自喷系统使用的SQS100型水泵接合器2套。

4）室外消火栓

本工程共需3只室外消火栓。因室外广场设有多只消火栓，本工程再增设一只SS100消火栓。

5）灭火器按《建筑灭火器配置设计规范》GB 50140配置。在每只室内消火栓内设2只2kg磷酸铵盐干粉灭火器。

6）室内消火栓及自喷系统的所有信号都集中传递到消防值班室。

（3）排水系统

1）生活污废水采用合流制排水系统，排至生活污水池，由自动启动潜污泵排至室外埋地式生化池。

2）口部洗消废水排入洗消废水集水坑，战后采用移动泵排水。

3）潜污泵的控制系统要求水泵厂家配套提供。

(4) 管材与安装

1) 室外给水管道及工程引入给水管道防护闸门(铜芯闸阀)以前的管段采用镀锌钢管,丝扣或法兰连接。工程内其他给水管道采用 PP-R 或 U-PVC 给水管道。管径≤50mm 的给水管道配用铜或不锈钢截止阀,管径>50mm 采用普通闸阀。

2) 消防给水管道采用热镀锌钢管,管径≥100mm 的采用沟槽式连接,其他采用丝扣或法兰连接。

3) 生活污水泵排水管采用给水铸铁管,承插连接。其他污水泵排水管采用热镀锌钢管,丝扣或法兰连接。埋地排水管与防爆地漏相连的采用热镀锌钢管,丝扣或法兰连接;其他采用铸铁管。

4) 室外排水管道采用混凝土管,水泥砂浆接口。

5) 施工套用图集见套用图集目录。

6) 自动喷水系统喷头的布置,可结合装潢、灯具、空调风口进行安装,但每个喷头的保护面积不得大于 11.5m^2。

7) 图中所注尺寸单位:标高及埋深以"m"计,其余除注明外均为"mm"。图中所注标高以室内地坪为 ±0.00 计。

8) 管道尺寸标注:重力排水管道标高指管底内壁,其他管道标高以及平面距离均指管中心线。

9) 管道穿越工程外墙壁、水池壁除注明外按刚性防水套管(4 型)做套管,穿越工程内混凝土墙的管道,需预埋钢套管,套管内径大于穿越管道外径,套管与墙体钢筋焊接固定。位置依据平面及大样图标注位置预埋套管。

10) 排水管在穿越沉降缝处,安装不锈钢波纹管。埋地金属管道刷冷底子油、沥青各一遍。

(5) 水压试验

1) 给水管道安装完毕后,生活给水管道试验压力为 0.6MPa,消防给水管道试验压力为 1.2MPa,加压至规定压力,稳压 1h,观察接头部位有无渗透现象;1h 后,补压至规定的试验压力,10min 内的压力降不超过 0.05MPa,且不渗不漏为合格。

2) 排水管道安装完毕后应做灌水试验,达到畅通,不渗漏为合格。

(6) 其他

凡上述未及之处,请按照国家现行的施工及验收规范执行。

9.2 单建坑道式人防工程设计

9.2.1 工程概况

本工程战时使用人数为 180 人,总建筑面积 4200m^2。

9.2.2 设计依据

1)《人民防空工程设计防火规范》GB 50098;

2)《建筑灭火器配置设计规范》GB 50140;

3）《自动喷水灭火系统设计规范》GB 50084；

4）《水喷雾灭火系统设计规范》GB 50129；

5）建设单位提供的“建设项目工艺设计技术要求”。

9.2.3 生活给水

（1）平时给水

平时人员生活饮用水的用水量定额宜采用办公建筑办公楼标准，用水量标准为40L/(人·d)。

最高日用水量：

$$Q_{max} = 40 \times 180 = 7200(L/d)$$
$$= 7.2(m^3/d)$$

小时变化系数 $k=2.5\sim2.0$，取 $k=2.5$

最大小时用水量：

$$q_{max} = \frac{2.5 \times 7.2}{24} = 0.75(m^3/h)$$

设计秒流量：

总给水当量为28，根据公式：

$$q_g = 0.2\alpha\sqrt{N_g}$$

本工程设计秒流量：

$$q_g = 0.2 \times 1.2\sqrt{28} = 1.31(L/s)$$

市政管网水压能满足工程平时直接供水的使用要求，本工程平时采用市政自来水管网直供，考虑到消防水池的补水，进水管管径为DN80。为满足室外消火栓的设置要求，从市政自来水管引入的给水管管径为DN100。

（2）战时给水

本工程无内部水源，外水源为城市自来水，为无防护外水源。战时贮水量计算如表9-2。

表9-2 战时贮水量计算表

用水类别	生活用水标准		饮用水		人员洗消	口部冲洗
标准	[L/(人·d)]	时间（d）	[L/(人·d)]	时间（d）	[L/(h·个)]	[L/(m²·次)]
	25	14	6	15	540	5~10
用水量（m³）	63		16.2		2	2

战时贮水量：

$$63+16.2+2+2=83.2\ (m^3)$$

另外，电站采用风冷却系统，贮存2m³冷却水。在工程内部设有效容积为180m³战时用水水池。战时生活用水采用平时的消防气压给水设备供水。

9.2.4 设备用水及电站贮油

空调用水为冷却塔补水，根据通风专业提出的要求，最大小时补水量为10m³/h。该用水为平时用水，从本工程外部水表井后接一根 DN50 给水管至工程外部冷却塔处。

电站采用风冷系统，电站接入一根 DN25 给水管道，供柴油机冷却水箱补水。

本工程设 200kW 柴油发电机 2 台，一用一备。根据厂家提供资料，发电机耗油量为 65kg/h。按规范储存 7d 用油量。

贮油量为：

$$65 \times 24 \times 7 = 10920 \text{ (kg)}$$

油箱容积为 $10.92 \div 0.85 = 12.84\text{m}^3$。设计 2 只油箱，采用 5mm 钢板焊接，尺寸为：2000mm × 1500mm × 2600mm，有效容积：$2 \times 2 \times 1.5 \times 2.4 = 14.4\ (\text{m}^3)$。

日用油箱容积为 8～12h 柴油机用油量，容积为：

$10 \times 65 \div 0.85 = 764\ (\text{L})$，取 0.8m^3。

日用油箱选用厂家选购附带油箱。工程外设与工程抗力等级相同的油管接头井，输油管管径为 DN50，采用镀锌钢管。

工程内油箱处设置 20LGY1.6 － 8 × 2 油泵（$Q = 1.0\text{m}^3/\text{h}$，$h = 16.7\text{m}$，电机功率 0.75kW，尺寸 281mm × 212mm × 578mm）加压至日用油箱，然后自流供柴油发电机，采用 DN25 铜管供油。

9.2.5 消防给水

（1）消火栓及自喷给水

消火栓、自喷给水系统的计算同上节消防系统计算示例，消火栓给水系统消防贮水量 74m^3，自喷给水系统贮水量 92m^3，总消防贮水量 166m^3。该消防用水水池兼作为战时生活给水水库。

（2）电站水喷雾消防系统设计

电站的柴油机房内设置水喷雾灭火系统，设计喷水强度为 $20\text{L/min} \cdot \text{m}^2$，火灾延续时间 0.5h。需要灭火的面积为 52m^2，则水喷雾消防用水量为：

$$52 \times 20 \times 30 = 31200\ (\text{L}) = 32\ (\text{m}^3)$$

该部分消防用水贮水库和空调水库合用，空调水库容积为 220m^3，能满足水喷雾消防用水要求。

选用离心式水雾喷头 ZSTWB－80－60，喷头前水压 0.35MPa，流量特性系数 $k = 43$，雾化角度 $\theta = 60°$，安装高度 $B = 3\text{m}$。

水雾锥底圆半径按下式计算：

$$R = B \cdot \text{tg}\frac{\theta}{2} \tag{9-8}$$

式中 R——水雾锥底圆半径（m）；

B——水雾喷头的喷口与保护对象之间的距离（m）；

θ——水雾喷头的雾化角（°），θ 的取值范围为 30°、45°、60°、90°、120°。

$$R = B \cdot \text{tg}\frac{\theta}{2} = 3 \times \text{tg}\,30° = 1.73(\text{m})$$

水雾喷头的喷头采用矩形布置，喷头之间的距离：

$$d = 1.4 \times 1.73 = 2.4\ (\text{m})$$

水雾喷头的流量按下式计算：

$$q = K\sqrt{10P} \tag{9-9}$$

式中 q——水雾喷头的流量（L/min）；

k——水雾喷头的流量系数，由厂家提供；

P——水雾喷头的工作压力（MPa）。

$$q = k\sqrt{10p} = 43 \times \sqrt{10 \times 0.35} = 80.45(\mathrm{L/min}) = 1.34(\mathrm{L/s})$$

保护对象的水雾喷头计算数量应按下式计算：

$$N = \frac{S \cdot W}{q} \tag{9-10}$$

式中 N——保护对象的水雾喷头的计算数量；

S——保护对象的保护面积（m^2）；

W——保护对象的设计喷雾强度［L/（min·m^2）］。

本例，$S=52m^2$，$W=20$［L/（min·m^2）］

$$N = \frac{52 \times 20}{80.45} = 13$$

系统的设计流量按下式计算：

$$Q_s = k \cdot Q_j \tag{9-11}$$

式中 Q_S——系统的设计流量（L/s）；

Q_j——系统的理论设计流量，为各喷头的流量之和（L/s）；

k——安全系数，取1.10

$$Q_j = 13 \times 1.34 = 17.4 \text{（L/s）}$$

$$Q_s = 1.10 \times 17.4 = 19.1 \text{（L/s）}$$

雨淋阀的局部阻力损失按下式计算：

$$H_r = B_r \cdot Q^2 \tag{9-12}$$

式中 H_r——雨淋阀的局部阻力损失（MPa）；

B_r——雨淋阀的比阻值，由厂家提供，$B_r=0.00726$；

Q——雨淋阀的流量（L/s）。

$$H_r = 0.00726 \times 19.1^2 = 2.7(\mathrm{mH_2O})$$

沿程及局部阻力计算：

计算点至水泵房的距离 $L=60$m，$Q=20$L/s，DN=100mm，$i=0.107$

局部阻力按沿程损失的20%估算，该段的总阻力损失为：

$$h = 1.2 \times 0.107 \times 60 = 7.7 \text{（mH}_2\text{O）}$$

柴油机房内布置水喷雾管道，管道的阻力损失分段计算（此处略），计算结果为5.5mH_2O。

则总阻力损失：

$$\sum h = 7.7 + 5.5 = 13.2(\mathrm{mH_2O})$$

消防水泵的计算压力按下式计算：

$$H = \sum h + h_0 + Z + H_r \tag{9-13}$$

式中 H——消防水泵的计算压力（MPa）；

h_0——最不利喷头处所需要的水压（MPa）；

Z——最不利点水雾喷头与系统管道入口或消防水池最低水位之间的高程差，当系统管道入口或消防水池最低水位高于最不利点水雾喷头时，Z 应取负值（m）。

$$H = 12.6 + 35 + 1.5 + 2.7 = 51.8\ (mH_2O)$$

消防水泵选型为：XBD5.2/20－100－200 消防泵 2 台，一用一备，$Q = 20L/s$，$H = 52mH_2O$，$P = 22kW$。

9.2.6 排水系统

该工程隔绝防护时间为 8h，生活污水采用机械方式排出，生活污水池的最小容积按公式（5-2）计算：

$$V_{贮} = \frac{1.25 \times (20 + 6) \times 180 \times 8}{24 \times 1000} = 1.95(m^3)$$

工程内根据卫生间的布置，设 2 个生活污水池，每个污水池实际容积为：$1.9 \times 1.9 \times 1.8 = 6.5\ (m^3)$，满足隔绝防护时间内生活污水的排放要求。

选择 WQ2130－205 型潜水污水泵 2 台，一用一备，流量 $25m^3/h$，扬程 $18mH_2O$，功率 2.2kW。出口直径 50mm。

消防废水经建筑排水检查井流入建筑排水管道，经口部水封井、消波井后自流排出工程。

在口部需要洗消的房间、通道内设置防爆地漏或清扫口，将废水单独用管道收集后，在建筑排水水封井外部和建筑排水管道相连，一同自流排出工程。

本工程最高日用水量 $7.5m^3$，在工程外部设计防爆化粪池，化粪池型号为 5#化粪池，共 2 只，两个口部各一个。工程内生活污水经化粪池处理后排入市政排水管。

9.2.7 七氟丙烷（HFC－227）无管网自动灭火装置设计

本工程部分房间有贵重的仪器设备，不能采用水或水雾作灭火介质，否则会造成设备损坏，根据规范要求需设气体灭火系统。本工程的部分房间采用了新型灭火介质七氟丙烷。

灭火剂设计浓度 8%，灭火剂喷放时间 $t = 8s$。

灭火剂设计用量按下式计算：

$$W = K\frac{V}{S} \times \frac{C}{(100 - C)} \tag{9-14}$$

式中 W——防护区 HFC－227 灭火剂设计用量（kg）；

C——HFC－227 灭火剂设计浓度（%）；

S——HFC－227 过热蒸汽在 101kPa 和额定温度下的比容（m^3/kg）；

V——防护区的净容积（m^3）；

K——海拔修正系数。

对于本工程，其中：$S = 0.13716$，$K = 1$。

各房间的灭火剂设计用量及相关参数详见表（9-3）。

表 9-3　HFC－227 灭火剂设计用量

房间名称	设计浓度（%）	浸渍时间（min）	喷放时间（s）	防护区容积（m^3）	灭火剂设计用量（kg）	无管网装置选型
变配电室	8.3	10	8	300	190	ZWQ90 两台
发电机房	8.3	10	8	120	78	ZWQ90
大厅	8	3	8	650	412	ZWQ220 两台
贵重仪器房间	8	3	8	45	28	ZWQ40

9.2.8　灭火器具配置

根据《建筑灭火器配置设计规范》GB 50140，地下建筑扑救初期火灾所需的最小灭火级别合计值按公式（9-6）计算。本工程需保护面积 $U=4200m^2$，A 类中危险等级。则：

$$Q=\frac{1.3\times0.5\times4200}{75}=36A$$

每个点设置 2 只 3kg 干粉手提式灭火器，共 2×2＝4A。工程内设置 15 个消火栓，实际配置 30 只灭火器，总灭火能力为 60A，大于 36A，能满足消防要求。

柴油电站的消防设计，《人民防空工程设计防火规范》GB 50098 中规定“柴油发电机房、直燃机房、锅炉房、变配电室和图书、资料、档案等特藏库房，宜设置二氧化碳等气体灭火系统，但不应采用卤代烷 1211、1301 灭火系统；或按现行国家标准《建筑灭火器配置设计规范》的规定设置灭火器。”

各地消防部门在具体执行上，有一些差异，有些地区要求采用“有管网的气体灭火系统”，有些地区可以仅“配置灭火器”。本工程按配置灭火器设计。

按严重危险等级配置，B 类火灾。B 类火灾系指甲、乙、丙类液体，如汽油、煤油、柴油等燃烧的火灾。

电站未设消火栓及其他灭火设备，$K=1.0$，需保护面积 $S=70m^2$，$U=0.5m^2/B$。根据公式（9-6）：

$$Q=\frac{1.3\times1\times70}{0.5}=182B$$

配置 20kg 磷酸铵盐干粉推车式灭火器一台，灭火级别为 183B，大于 182B，满足配置要求。

配电室在发生火灾时，电源能自动切断，可按 A 类火灾考虑，中危险等级。$K=1.0$，需保护面积 $S=60m^2$，$U=75m^2/A$。

$$Q=\frac{1.3\times1\times60}{75}=1.04A$$

配置 2kg 磷酸铵盐干粉手提式灭火器 2 只，共计 2A，大于 1.04A。

因本工程两个主要出入口均直通城市主干道，口部附近应有室外消火栓，固本工程不增设室外消火栓。设两只地上式水泵接合器。一只水泵接合器与室内消火栓系统相连，另一只水泵接合器与自动喷水灭火系统相连。

9.2.9 给水排水施工图设计说明及部分施工图示例

本工程的给水排水施工图设计说明如下（图9-4～图9-8）：

（1）给水系统

1）给水水源。生活、消防用水均由市政自来水管网供给，从市政接入的管径为DN80，装设DN80水表。

2）用水量。平时生活用水最高日用水量为8m^3，空调补水最高日用水量为60m^3。

3）给水方式及战时贮水量。本工程饮用水储水量16m^3，生活用水储水量63m^3，洗消用水4m^3，共83m^3。储存在180m^{3}生活饮用水水池内，该水池兼作自动喷水消防水库使用。战时由平时用消防稳压设备增压供水。平时由市政自来水直接供给工程内部用水。

（2）消防给水

1）消防用水量。工程内消火栓用水量10L/s，火灾延续时间2h；自动喷水系统用水量25L/s，火灾延续时间1h。电站设水喷雾灭火系统，火灾延续时间30min，用水量32m^3。消火栓及水喷雾共需消防水量106m^3。该部分消防用水贮存在平时空调水库内（220m^3）。

2）消火栓给水系统。消火栓箱选用SG24A65－P型，箱内设置SN65室内消火栓1只，QZ19直流水枪1支，D65长25m衬胶水龙带一根，消防按钮一只，灭火器组合在箱内下方。消火栓给水管网连成环网。消防泵房内2台消火栓增压泵，一用一备，水泵选型为XBD5/10－80－200（$Q=10$L/s，$H=50$m，$N=15$kW）。设置SD1000－6隔膜式气压罐1只及XBD5/2.5－50－200型增压泵2台（$Q=2.5$L/s，$H=50$m，$N=5.5$kW，一用一备），工程外设供室内消火栓使用的SQ100型水泵接合器2套。

3）自动喷水灭火系统。报警阀选用ZSZ150型湿式报警阀。采用快速响应闭式喷头，喷头动作温度为68℃。设三套水流指示器及压力信号阀。三个防火单元均设有压力表、试水阀组及排气阀。在水泵间设自喷系统增压泵2台，一用一备，水泵型号为XBD4.4/25－100－180（$Q=25$L/s，$H=44$m，$N=18.5$kW）。与消火栓系统共用一套稳压设备。室外设供自喷系统使用的SQS100型水泵接合器2套。

4）水喷雾灭火系统。柴油电站设水喷雾灭火系统，雾化喷头为ZSTWB－80－60，共13只，设计喷水量20L/s。设增压泵2台，一用一备，水泵型号为XBD5.2/20－100－200（$Q=20$L/s，$H=52$m，$N=22$kW）。

5）室外消火栓

本工程利用工程外部市政消火栓。

6）灭火器按《建筑灭火器配置设计规范》GB 50140配置。在每只室内消火栓内设2只2kg磷酸铵盐干粉灭火器。

7）室内消火栓及自喷系统的所有信号都集中传递到消防值班室。

（3）排水系统

1）生活污水采用合流制排水系统，排至生活污水池，由自动启动潜污泵排至工程外防爆化粪池。

2）消防排水由建筑排水系统排出，口部洗消废水排入口部水封井后，经消波井消波，与建筑排水合并排出。

3）潜污泵的控制系统要求水泵厂家配套提供。

（4）管材与安装

1）工程给水引入管采用热镀锌钢管，工程内其他位置生活给水管道采用PP－R或U－PVC给水管道。管径小于等于50mm的给水管道配用铜或不锈钢截止阀，管径大于50mm采用普通闸阀。

2）消防给水管道采用热镀锌钢管，管径大于等于100mm的采用沟槽式连接，其他采用丝扣连接。

3）与防爆地漏连接的排水管采用热镀锌钢管，丝扣连接；压力排水管采用衬塑钢管，其他排水管采用机制离心铸铁管或给水铸铁管。

4）室外排水管道采用混凝土管，水泥砂浆接口。

5）施工套用图集见套用图集目录。

6）自动喷水系统喷头的布置，可结合装潢、灯具、空调风口进行安装，但每个喷头的保护面积不得大于11.5m^2。

7）图中所注尺寸单位：标高及埋深以“m”计，其余除注明外均为“mm”。图中所注标高以室内地坪为±0.00计。

8）管道尺寸标注：重力排水管道标高指管底内壁，其他管道标高以及平面距离均指管中心线。

9）管道穿越水池壁除注明外按刚性防水套管（4型）做套管，穿越工程内密闭墙的管道，做三型密闭套管。

10）排水管道坡度除注明外均采用标准坡度：DN75，$i=0.025$；DN100，$i=0.020$；DN150，$i=0.010$；DN200，$i=0.008$。埋地金属管道刷冷底子油、沥青各一遍。

（5）管道试压

1）生活给水系统试验压力为0.6MPa，消火栓给水系统试验压力为1.2MPa，10min内的压力降不超过0.05MPa，然后将压力降至工作压力进行外观检查，以不渗不漏为合格。

2）室内暗装或埋地排水管道，应在隐蔽或覆土之前做闭水和滚球实验，其落水高度不应低于地面高度。检验的标准是以满水15min，再灌满延续5min，液面不下降为合格。

3）所有的给水管道安装完毕后，应进行冲洗，冲洗水流速度不应小于2.0m/s；在水压强度实验及冲洗合格后，应进行水压严密性实验，试验压力为系统工作压力（生活给水系统：0.4MPa），消火栓系统：0.6MPa，稳压24h，以不渗透不漏为合格。

（6）其他未尽事宜，按国家现行的有关规范及标准实施。

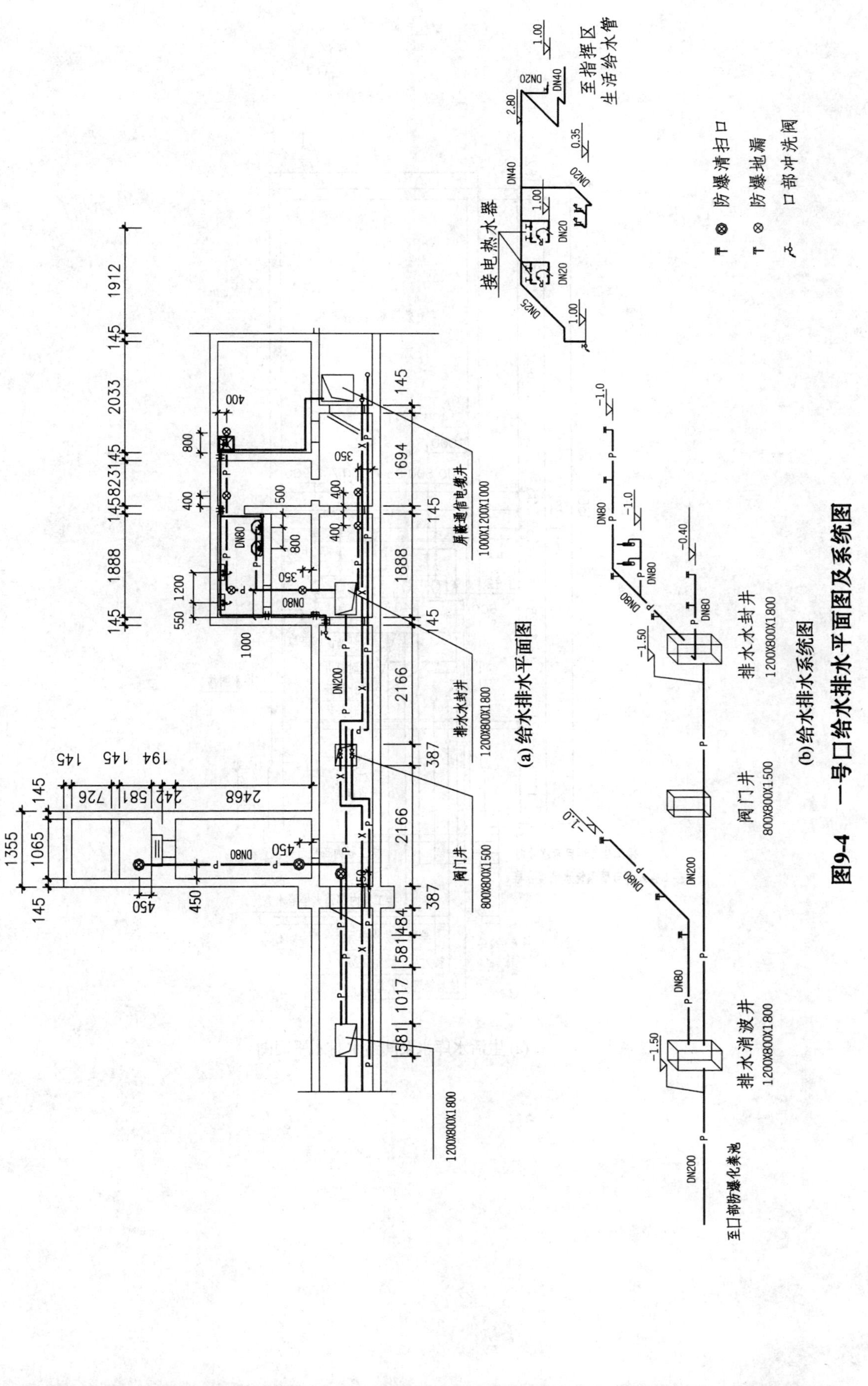

(a) 给水排水平面图

(b) 给水排水系统图

图9-4 一号口给水排水平面图及系统图

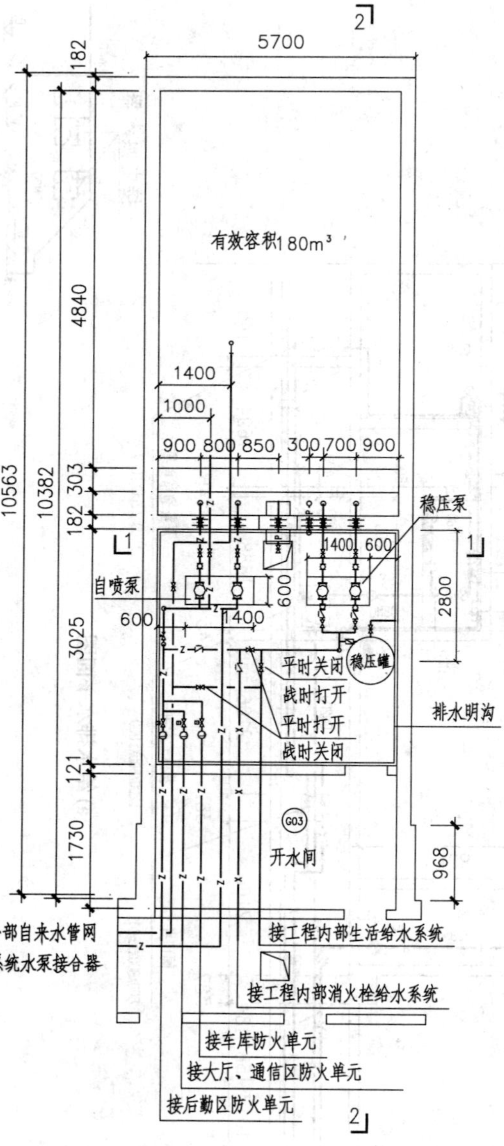

(a) 生活水库水泵间给水排水平面图

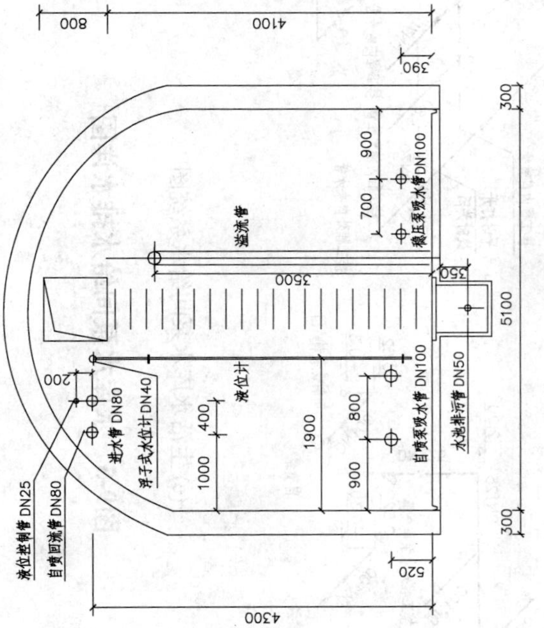

(b) 1-1 剖面图

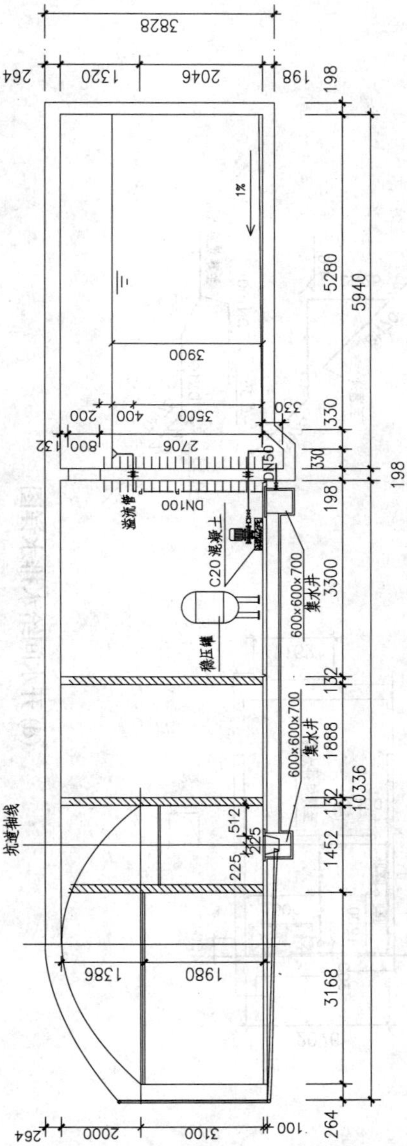

(c) 2-2 剖面图

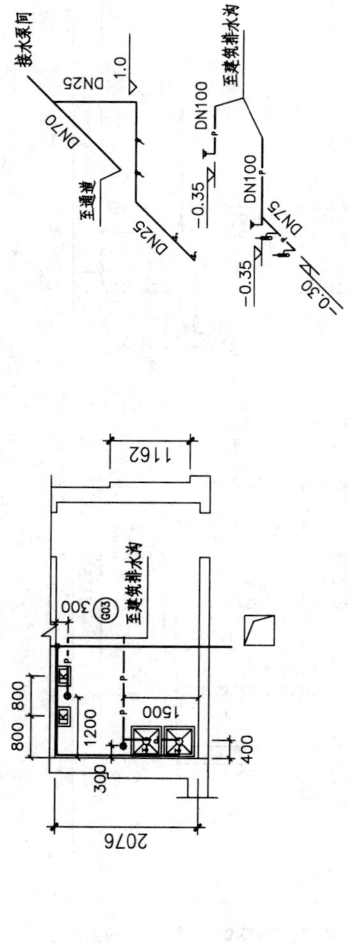

(d) 开水间给水排水详图

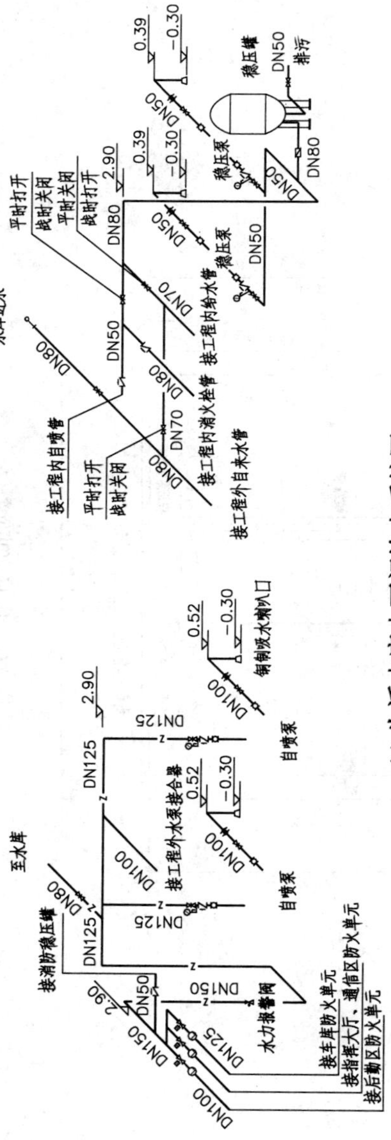

(e) 生活水库水泵间给水系统图

图9-5 水库水泵间给水排水详图

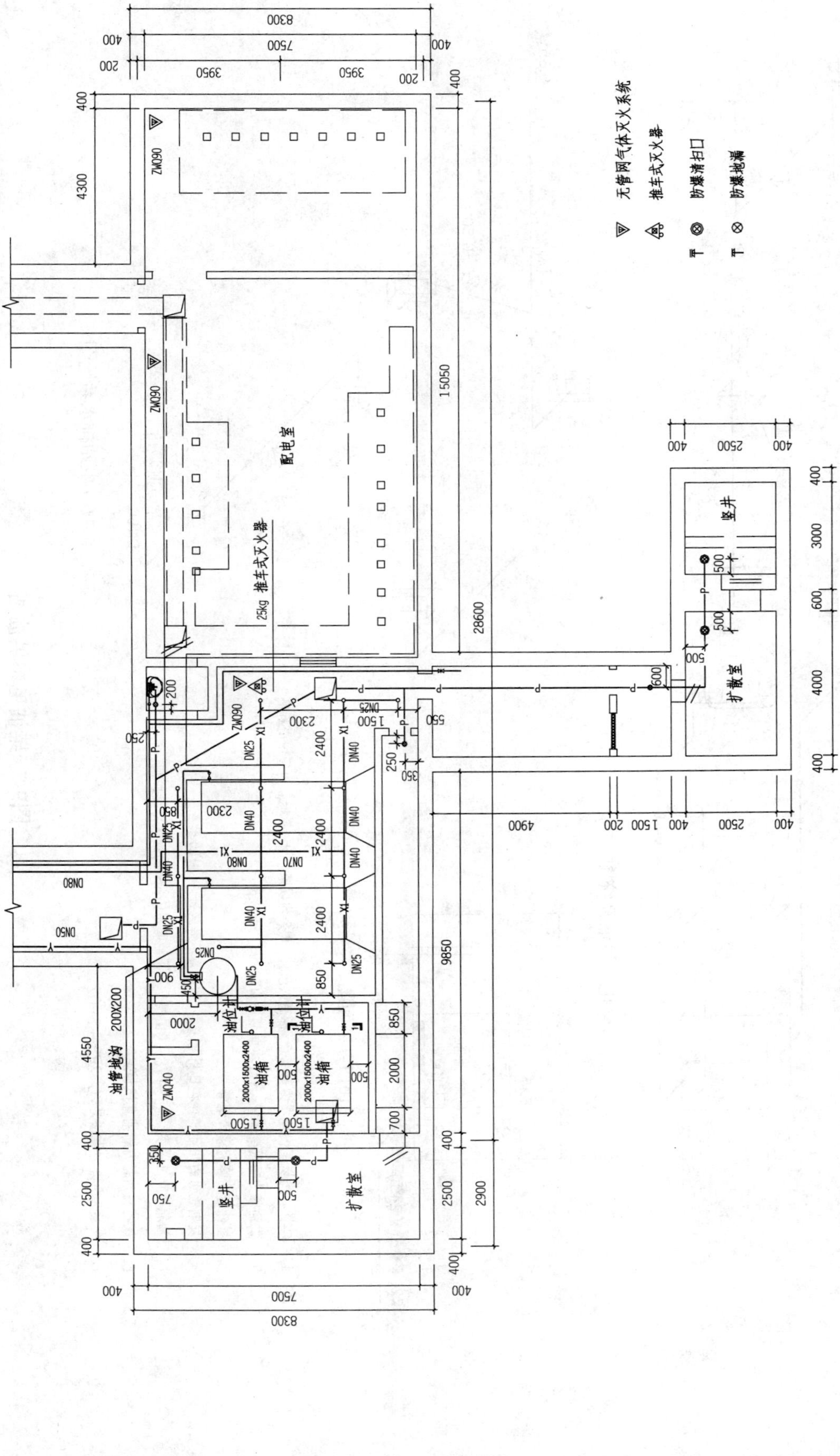

图9-6 柴油电站给水排水图

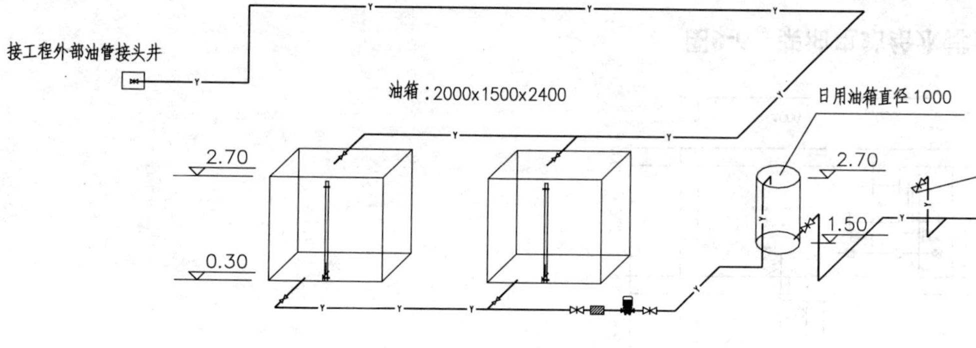

(a) 电站供油系统图

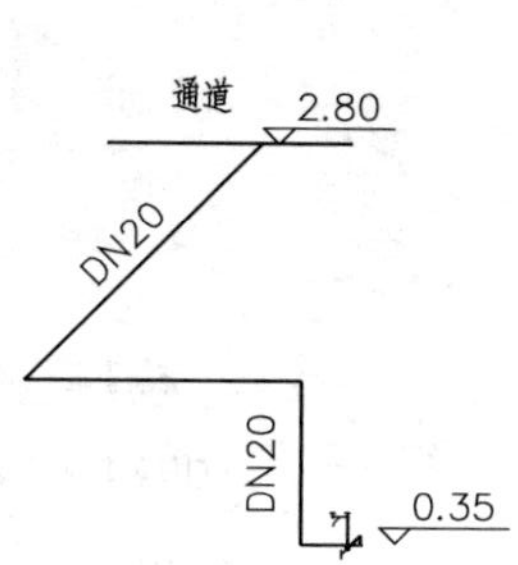

(c) 电站给水系统图

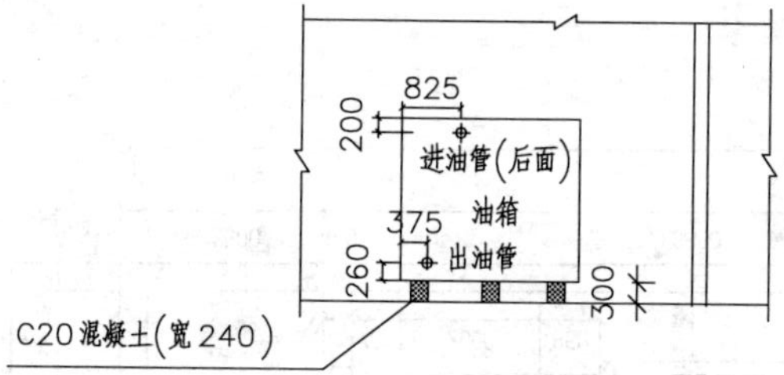

(b) 1-1剖面图

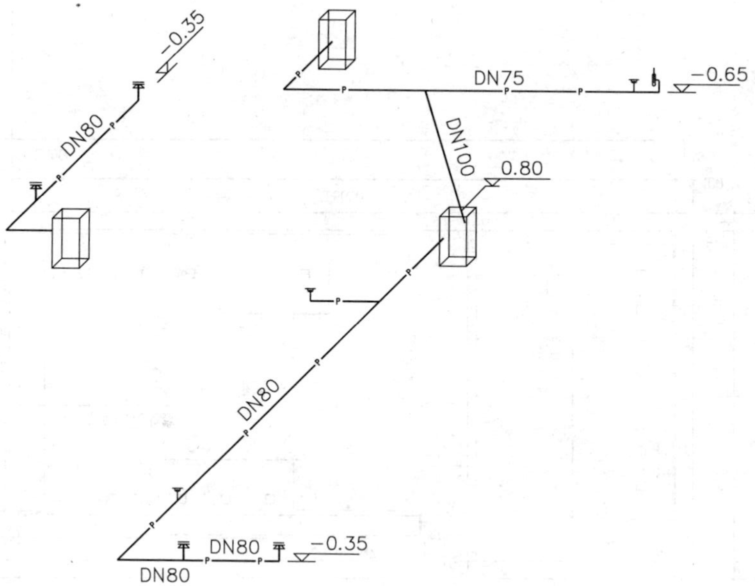

(d) 电站排水系统图

说明：1. 本图标高以室内地坪为基准点，标高以米计，其余均以毫米计；管标高为管中心标高；

2. 供油管为高压紫铜管，敷设在电站地沟(200x200)内；
3. 室外进油管为镀锌钢管；
4. 发电机组的用油贮存在日用油箱内，贮存量不得超过8小时的用量；
5. 油箱接管位置参见93S178−9图集，日用油箱用5mm的钢板焊接而成；
6. 战前将油箱内的油直接加满；
7. 供油接头井的做法见2002RS-KS-02。

图9-7 柴油电站供油图

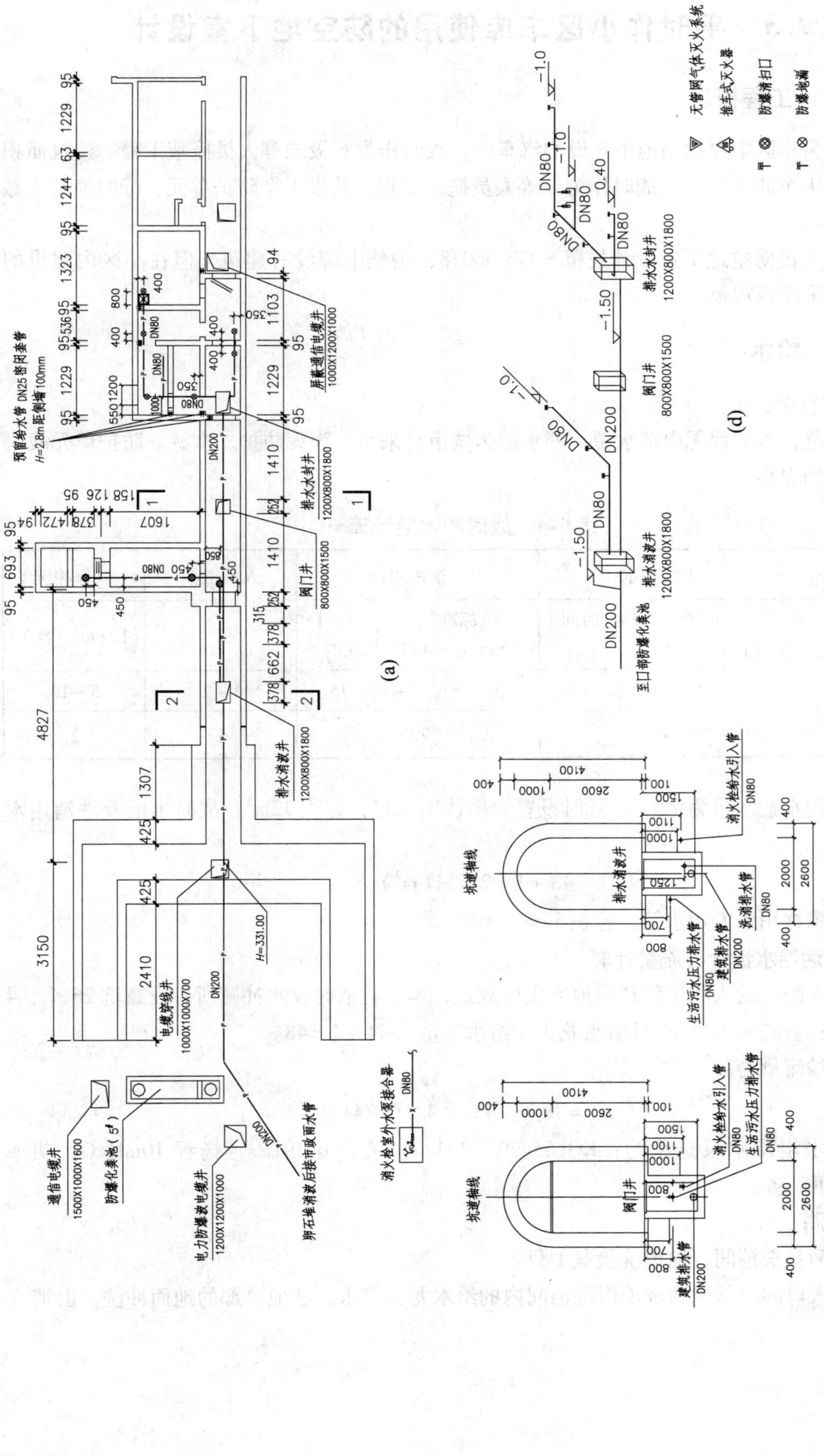

图 9-8 二号口给水排水图

9.3 平时作小区车库使用的防空地下室设计

9.3.1 工程概况

本工程为小区中绿化用地下建设的汽车库，战时作为6级二等人员掩蔽工程。建筑面积$4200m^2$；设1个防火分区。战时作为二等人员掩蔽工程，共设1个防护单元，战时掩蔽人数1200人。

根据《人民防空地下室设计规范》GB 50038，虽然上部没有建筑，但在小区内建设的地下室，应采用该规范。

9.3.2 给水

(1) 贮水量计算

根据规范，本工程无内部水源，外水源为城市自来水，为无防护外水源。防护单元战时贮水量计算如表9-4。

表9-4 战时贮水量计算

用水类别	生活用水		饮用水		人员洗消	口部冲洗
标准	标准 [L/(人·d)]	时间 (d)	标准 [L/(人·d)]	时间 (d)	m^3	[L/(m^2·次)]
	4	10	4	15	1~2	5~10
用水量（m^3）	48		72		1	2

战时饮用水贮水量为$72m^3$，战时设置专用饮用水箱，容积$72m^3$；战时生活及洗消用水贮水量为：

$$48+1+2=51(m^3)$$

战时设置饮用水专用水箱，容积$55m^3$。

(2) 生活给水设计秒流量计算

根据市人防办的人防工程建设地方文件规定，本工程战时设水冲厕所，设蹲坑26个，4个冲洗水箱；盥洗间内设44只给水龙头。给水当量为44+4=48。

则设计秒流量为：

$$q_s=0.6\sqrt{48}=4.1(L/s)$$

战时给水增压水泵选型为：KQL65/90-1.1/2，流量6.19L/s，扬程$10mH_2O$，功率1.1kW，一用一备。

(3) 洗消

口部设简易洗消间，内设洗脸盆1只。

人员出入口的口部地面洗消由洗消间内的给水龙头供水。其他口部的地面冲洗，由消火栓供水。

9.3.3 消防给水

根据《汽车库、修车库、停车场设计防火规范》GB 50067，汽车库设消火栓及自动喷水给水系统。

（1）消火栓给水系统设计

Ⅰ、Ⅱ、Ⅲ类汽车库的室内消火栓用水量不应小于10L/s，且应保证相邻两个消火栓的水枪充实水柱同时达到室内任何部位。本工程同时使用水枪数量为2支，每支水枪最小流量为5L/s，消火栓用水量10L/s。消火栓采用SN65、Φ19mm水枪，水龙带长度为25m。

1）消火栓布置间距

消火栓充实水柱以10m计，消火栓保护半径R为：

$$R=L_d+L_s=25\times0.8+0.71\times10=27.1\ (m)$$

GB 50098规范要求两个水柱同时达到任意一点，由于建筑物内部墙体的阻挡及建筑平面的不规则性，消火栓的布置间距按图纸上测量为准，保证任意一点都有两支水枪能到达。工程内布置9只消火栓。

2）消火栓栓口处需要水压H_{xh}

水枪喷口压力：

$$H_q=\frac{\alpha_f H_m}{(1-\phi\alpha_f H_m)}=\frac{1.2\times10}{(1-0.0097\times1.2\times10)}=13.6(mH_2O)$$

水枪流量校核：

$$q_{xh}=\sqrt{BH_q}=\sqrt{1.577\times13.6}=4.63(L/s)$$

将充实水柱提高为12mH_2O，$H_q=16.7mH_2O$，$q_{xh}=5.14L/s$。

水龙带水头损失：

$$h_d=A_dL_dq_{xh}^2=0.0043\times20\times5.14^2=2.3(mH_2O)$$

水枪喷口压力为：

$$H_{xh}=h_d+H_q=2.3+16.7=19(mH_2O)$$

3）消火栓管道系统水力计算

工程内部，消火栓设置成环状，管径定为DN80。消火栓最不利管路长140m，在通过10L/s流量条件下，查钢管（水煤气管）水力计算表，阻力损失和流速分别为1000i = 0.117，2.01m/s。

管道沿程阻力损失 $h_i=140\times0.117=16.4\ (mH_2O)$

总阻力损失为 $\sum h=1.2h_i=1.2\times16.4=19.6\ (mH_2O)$

消火栓系统需要的水压为：

$$H=19.6+19=38.6(mH_2O)$$

4）消火栓系统消防用水量

根据GB 50098规范，面积大于3000m^2的人防工程，消火栓系统火灾延续时间为2h，贮水量为72m^3。根据小区规划，消火栓给水由小区另外单独设置的消防水库及水泵供水。需要的供水压力40mH_2O，流量为10L/s。

5）室外设供消火栓使用的SQS－100型水泵接合器一套。

（2）自动喷水给水系统设计

按节点压力平衡原理进行迭代计算，节点压力误差精确到0.1m，管道最大流速为5m/s，最大流量25L/s。以专用设计程序计算，主要结果为：

总流量为：25L/s；

沿程及局部总阻力损失为：29.8mH_2O；

水泵出口处所需扬程：39.9mH_2O。

根据小区规划，自喷给水由小区另外单独设置的消防水库及水泵供水，自动喷水系统加压泵要求：

扬程为44mH_2O，流量为25L/s。

室外设供自动喷水系统使用的SQS－150型水泵接合器2套。

9.3.4 灭火器具配置

根据《建筑灭火器配置设计规范》GB 50140，设消火栓和自动喷水灭火系统的$K=0.5$，本工程为A类中危险等级，$U=75m^2/A$。工程需保护面积S为3900m^2，则扑救初期火灾所需的最小灭火级别合计值：

$$Q=\frac{1.3KS}{U}=\frac{1.3\times0.5\times3900}{75}=33.8A$$

每个点设置2只3kg磷酸铵盐干粉手提式灭火器，共2×2＝4A。工程内9个消火栓，9个灭火器配置点，共配置18只，总灭火能力36A，满足规范要求。

9.3.5 排水

（1）生活污水

在战时卫生间内设有1.5m×1.5m×1.5m污水坑一个，容积3.3m^3，隔绝防护时间为3h，隔绝防护时间内的污水量为：

$$V_{贮}=\frac{1.25\times(4+4)\times1200\times3}{24\times1000}=1.5(m^3)$$

污水坑容积能满足隔绝防护时间的排放要求。

生活污水泵选型为：65WQ40－10－22，流量40m^3/h，扬程10mH_2O，功率2.2kW，进出口管径DN65。共需设1个，该水泵兼作为平时消防废水排水泵（平时、战时均使用）。

（2）消防及雨水

汽车道雨水排水集水坑，兼作为战时口部洗消水集水坑。汽车库内地面废水集水坑，兼作平时消防废水排水坑。为便于工程今后的维护管理，每只坑内均安装一台污水泵，选型为：65WQ40－10－22，流量40m^3/h，扬程10mH_2O，功率2.2kW，进出口管径DN65。工程共有个7集水坑，设7台泵（平时使用）。

9.3.6 部分施工图示例（图9-9～图9-11）

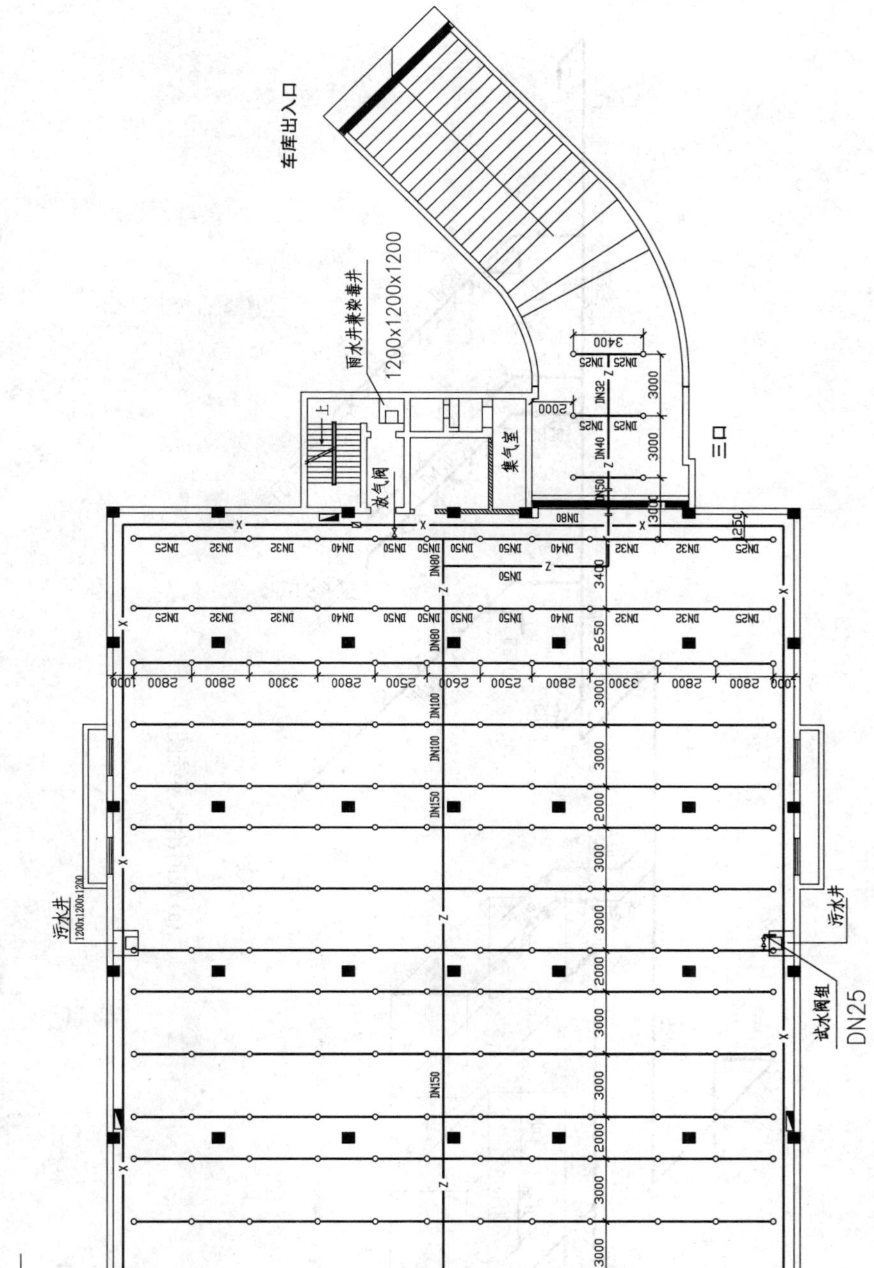

图9-9 地下车库消防给水平面图

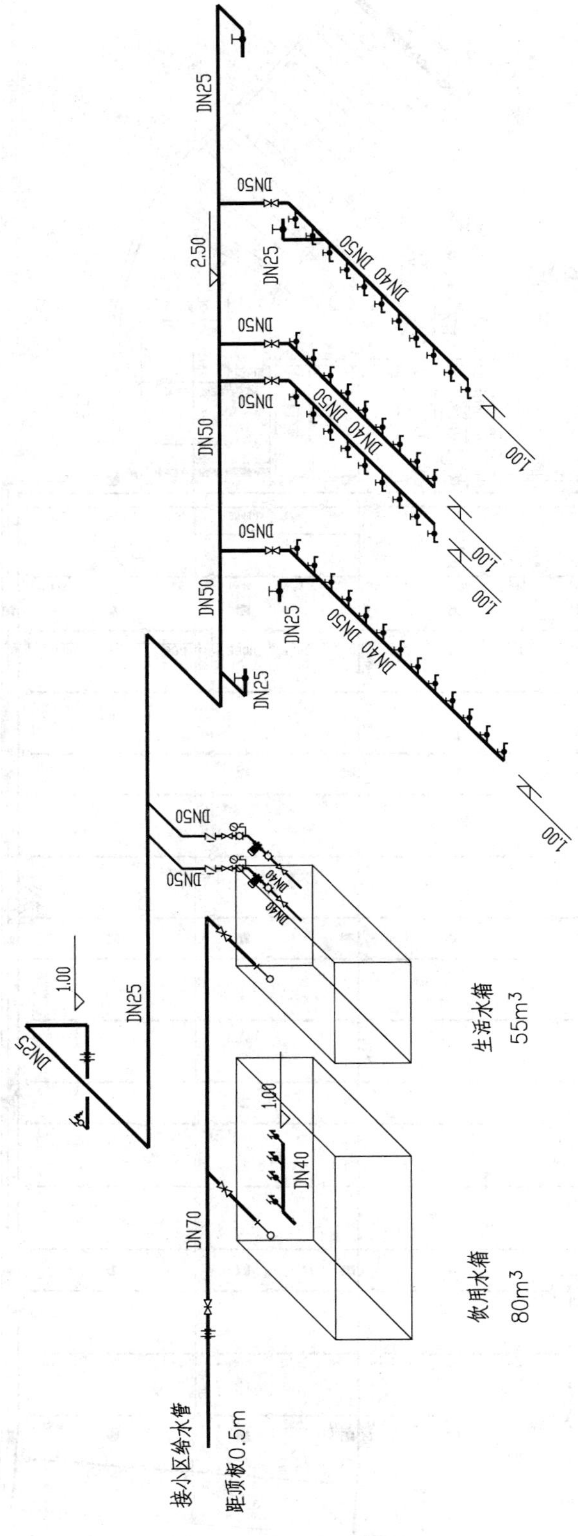
DN25
DN50
2.50
DN25
DN40 DN50
1.00
DN50
DN40 DN50
1.00
DN50
DN25
DN40 DN50
1.00
DN25
DN50
DN50
DN40
DN40
1.00
DN25
DN25
1.00
DN40
DN70
生活水箱
55m³
饮用水箱
80m³
接小区给水管
距顶板0.5m

(a) 战时给水系统图

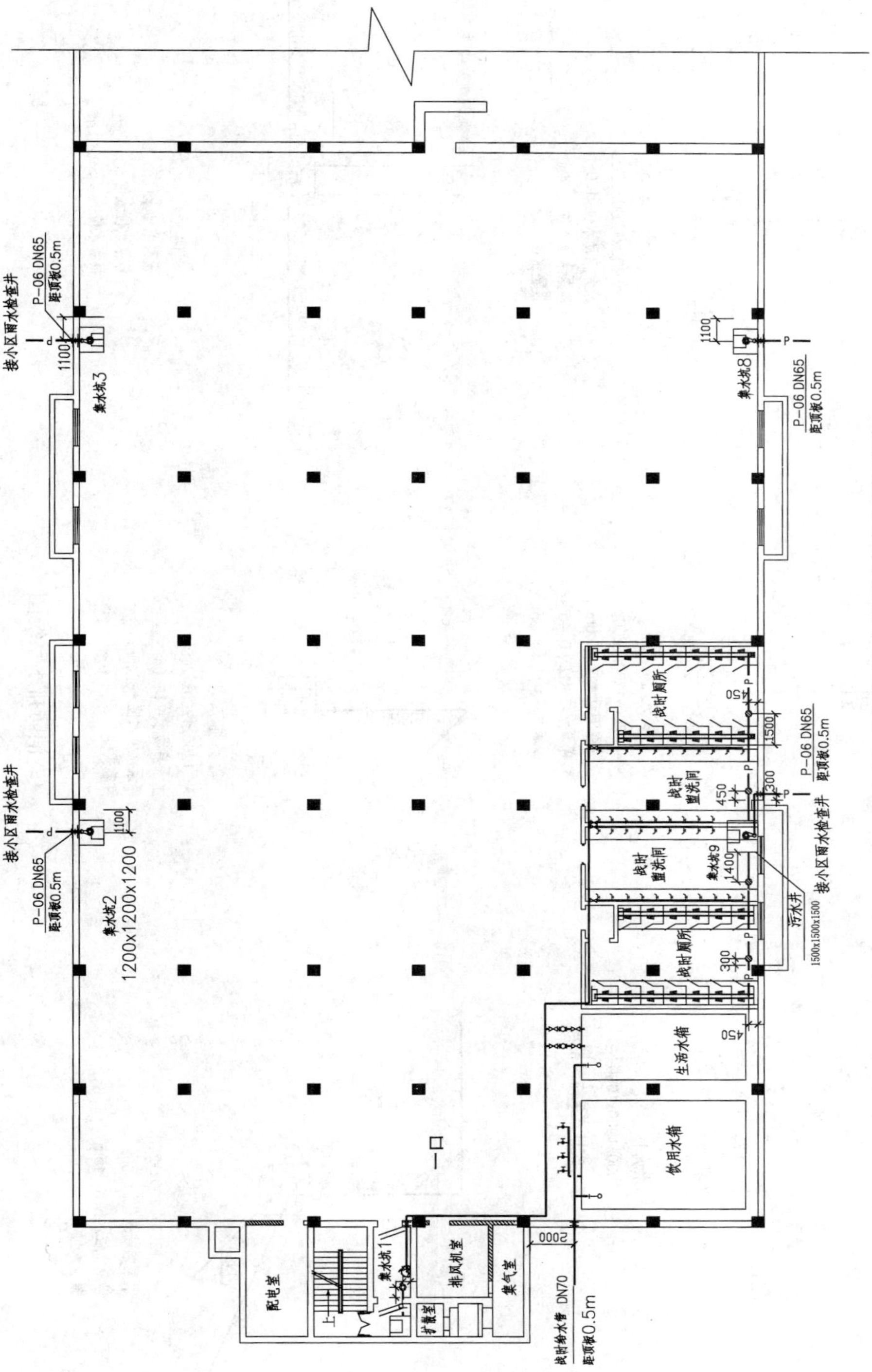

(b) 地下车库排水及战时给水平面图

图9-10 地下车库排水及战时给水图

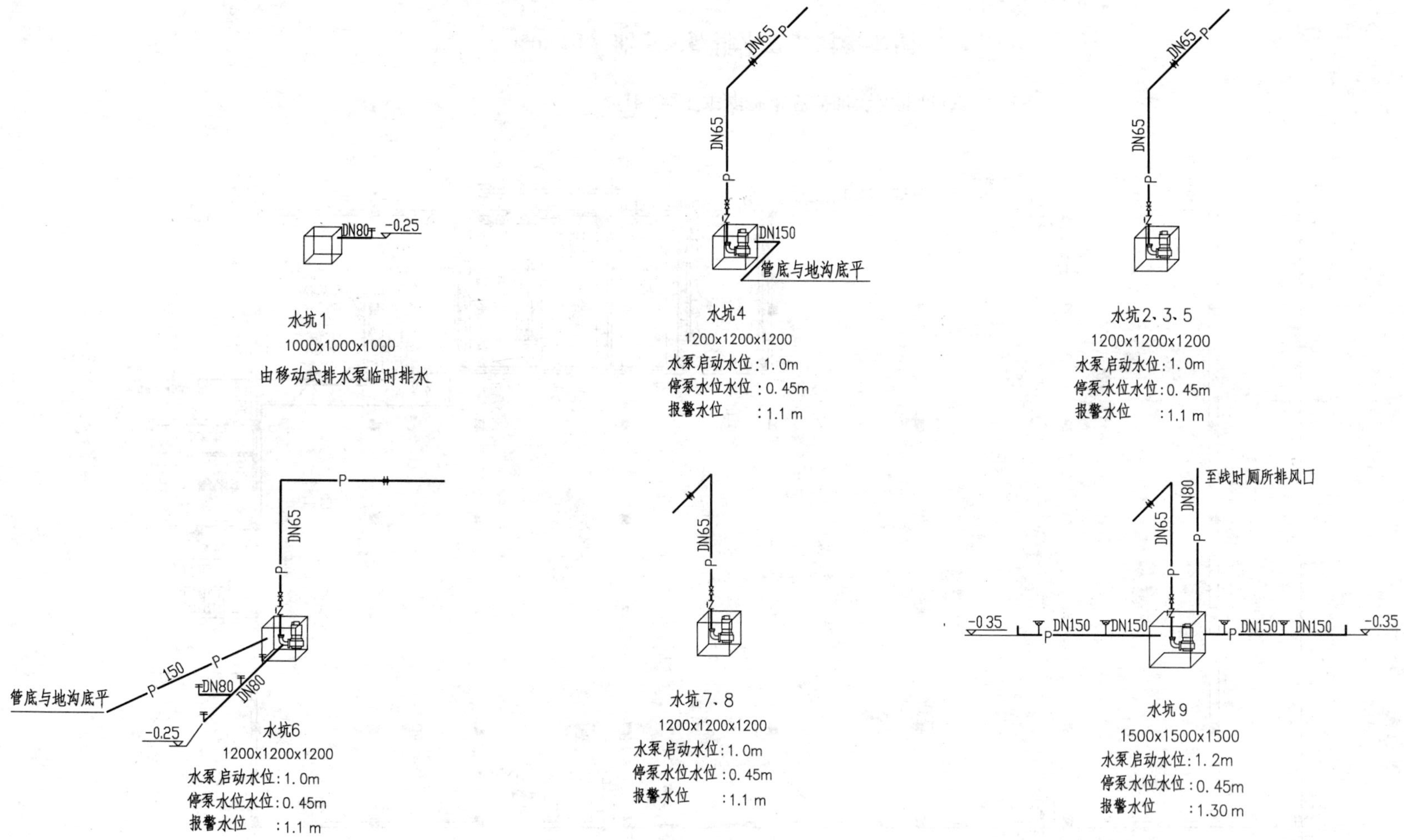
DN80
-0.25
水坑1
1000x1000x1000
由移动式排水泵临时排水
DN65
DN150
管底与地沟底平
水坑4
1200x1200x1200
水泵启动水位：1.0m
停泵水位水位：0.45m
报警水位 ：1.1 m
DN65
水坑2、3、5
1200x1200x1200
水泵启动水位：1.0m
停泵水位水位：0.45m
报警水位 ：1.1 m
DN65
管底与地沟底平
150
DN80
-0.25
水坑6
1200x1200x1200
水泵启动水位：1.0m
停泵水位水位：0.45m
报警水位 ：1.1 m
DN65
水坑7、8
1200x1200x1200
水泵启动水位：1.0m
停泵水位水位：0.45m
报警水位 ：1.1 m
至战时厕所排风口
DN80
DN65
-0.35
DN150
水坑9
1500x1500x1500
水泵启动水位：1.2m
停泵水位水位：0.45m
报警水位 ：1.30 m

(a) 消防排水系统图

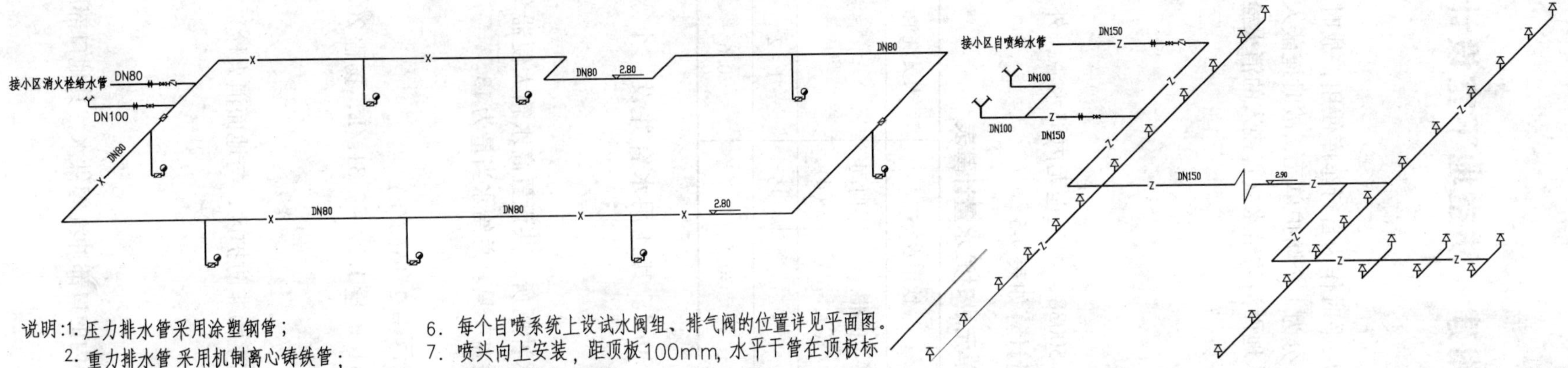

说明：1. 压力排水管采用涂塑钢管；
2. 重力排水管采用机制离心铸铁管；
3. 接出工程的压力排水管，均接至工程外部的雨水检查井；
4. 压力排出管距顶板0.5m。
5. 图中标高为相对管道所在地坪标高。
6. 每个自喷系统上设试水阀组、排气阀的位置详见平面图。
7. 喷头向上安装，距顶板100mm, 水平干管在顶板标高改变处作相应调整。
8. 管道与通风管道交叉处，根据实际情况拐弯。
9. 喷头下如有宽度大于1200mm的通风管道，在该喷头及风管正下方增设一向上安装喷头。
10. 喷头位置及管道直径详见平面图。

Y 水封地漏

T 清扫口

(b) 消防给水系统图

图 9-11　消防给水及排水系统图

9.4 小高层住宅附建式防空地下室设计

9.4.1 工程概况

本工程地面为11层小高层住宅。负一层平时作为自行车库使用，战时为6级二等人员掩蔽工程，人防部分的建筑面积为800m²，分为1个防护单元，战时掩蔽人数400人。地下室电梯井设在非防护区，各电梯井前室设从地面消防给水立管接入的消火栓1只。因此，本人防工程平时无需供水。

9.4.2 给水

(1) 贮水量计算

按照《人民防空地下室设计规范》GB 50038，本工程无内部水源，外水源为城市自来水，为无防护外水源。防护单元战时贮水量计算如表9-5。

表9-5 各防护单元战时贮水量计算表

用水类别	生活用水		饮用水		人员洗消	口部冲洗
标准	标准 [L/（人·d)]	时间 (d)	标准 [L/（人·d)]	时间 (d)	m^3	[L/(m^2·次)]
	4	10	5	15	1~2	5~10
用水量（m^3）	16		30		0.6	2

其中饮用水箱单独设置，有效容积30m³。其他用水合并设一个水箱，有效容积18.6m³。临战前安装装配式水箱。

(2) 设计秒流量计算

根据市人防办的文件要求，本工程设水冲厕所，共设置高水箱大便器9只，洗脸盆12只，挂式小便器4只，口部简易洗消用洗脸盆1只。总给水当量为13。

则设计秒流量为：

$$q_s = 0.6\sqrt{13} = 2.16(s/L)$$

战时给水增压水泵选型为：ISG40-125，流量1.22~2.31s/L，扬程20.5~18.5mH$_2$O，功率1.1kW，一用一备。

(3) 消防给水

在地下室电梯前室设有消火栓，电梯前室为非防护区，与地面消火栓采用同一个消火栓给水系统。

(4) 口部洗消

口部简易洗消间内设洗脸盆一只。

人员出入口的口部地面洗消由防毒通道内的口部冲洗阀供水，其他口部的地面冲洗，由电梯前室的消火栓供水。

9.4.3 排水

(1) 生活污水集水坑计算

在战时卫生间内设有 1.5m×1.5m×1.5m 污水坑一个，容积 3.3m^3，隔绝防护时间内的污水量为：

$$V_{贮}=\frac{1.25\times(4+5)\times400\times3}{24\times1000}=0.56(m^3)$$

生活污水集水坑容积能满足隔绝防护的要求。生活污水泵选型为：WQ15-7-0.75，流量 15m^3/h，扬程 7mH$_2$O，功率 0.75kW，进出口管径 DN50，选 2 台，一用一备。

(2) 洗消废水

简易洗消间内的排水，经防爆地漏排至电梯井下部集水坑内。其他口部的地面洗消排水，均排至电梯井下部集水坑内，然后由移动水泵排至室外。

(3) 雨水

地下室 2 个自行车入口通道内，各设 1 个雨水集水坑，尺寸为 1.5m×1.5m×1.5m，容积 3.3m^3，集水坑内设 WQ20-10-1.5 潜水污水泵 2 台，流量 20m^3/h，扬程 10mH$_2$O，功率 1.5kW，进出口管径 DN50，一用一备。用于平时排雨水。

(4) 消防电梯排水

地面建筑室内消防用水量 10L/s。在 2 个电梯井内各设置 2 台 WQ20-10-1.5 潜水污水泵，流量 20m^3/h，扬程 10mH$_2$O，功率 1.5kW，进出口管径 DN50。2 台潜水污水泵设置成高低水位启动，总出水管管径为 DN70，总排水量 40m^3/h，能满足消防排水的要求。

9.4.4 部分施工图示例（图 9-12～图 9-15）

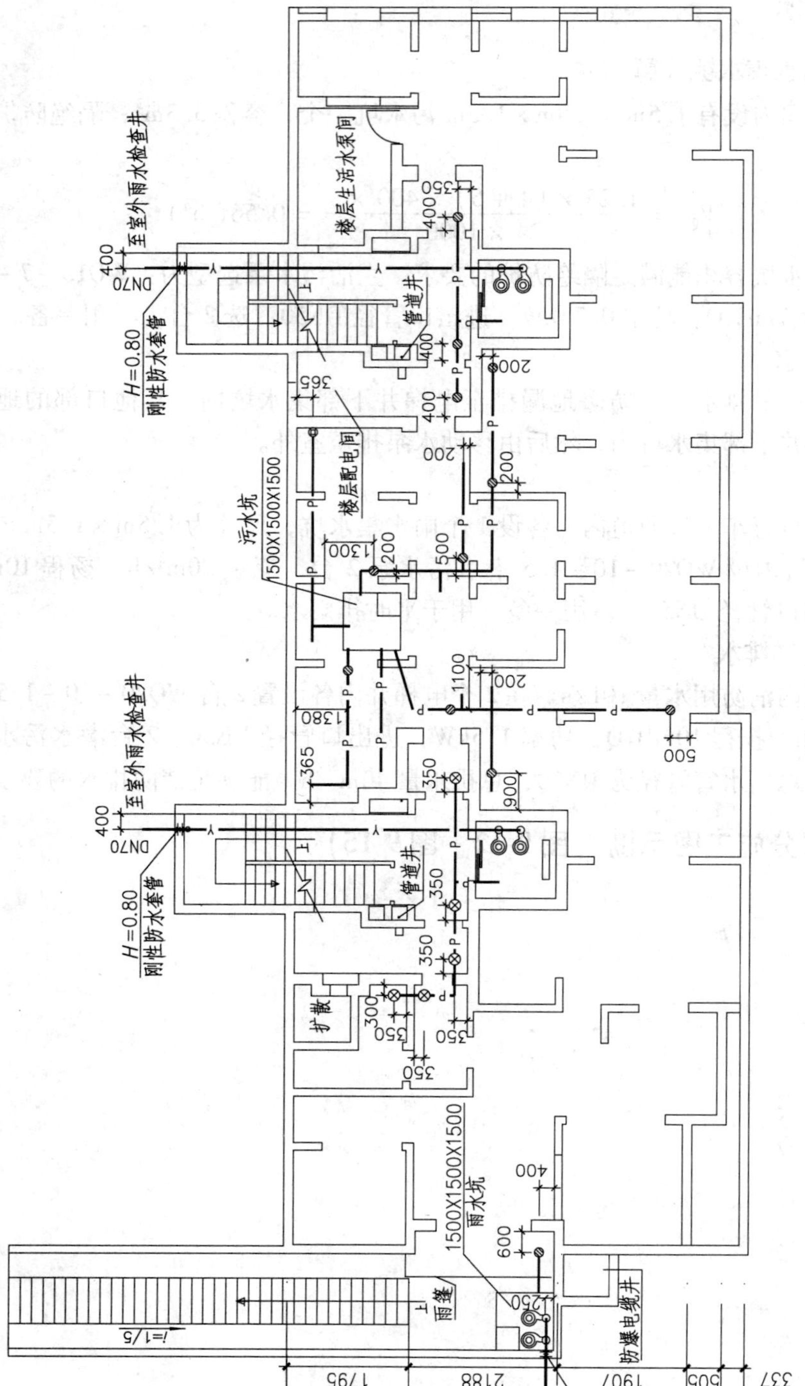

图9-12 平时给水排水平面图

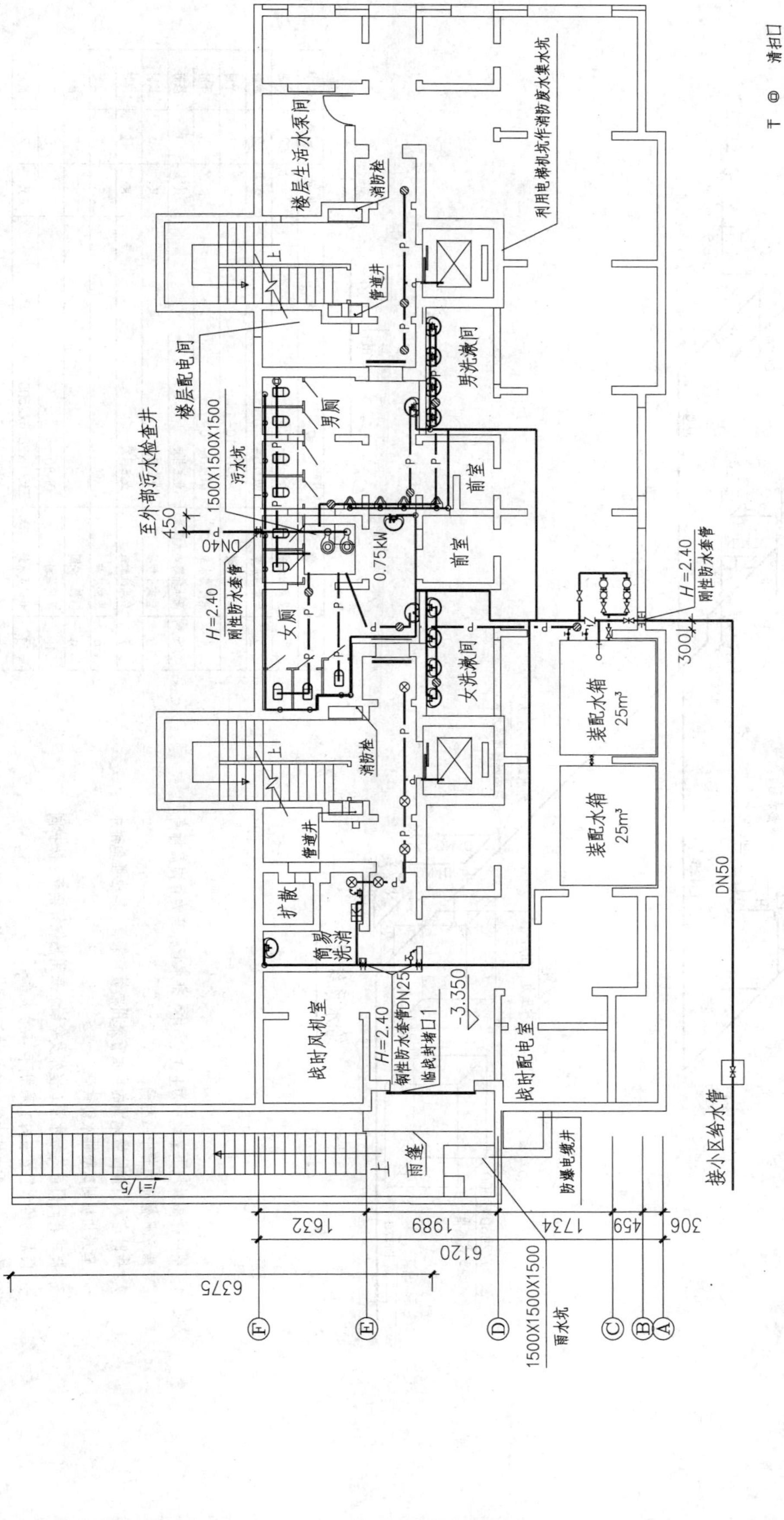

图9-13 战时给水排水平面图

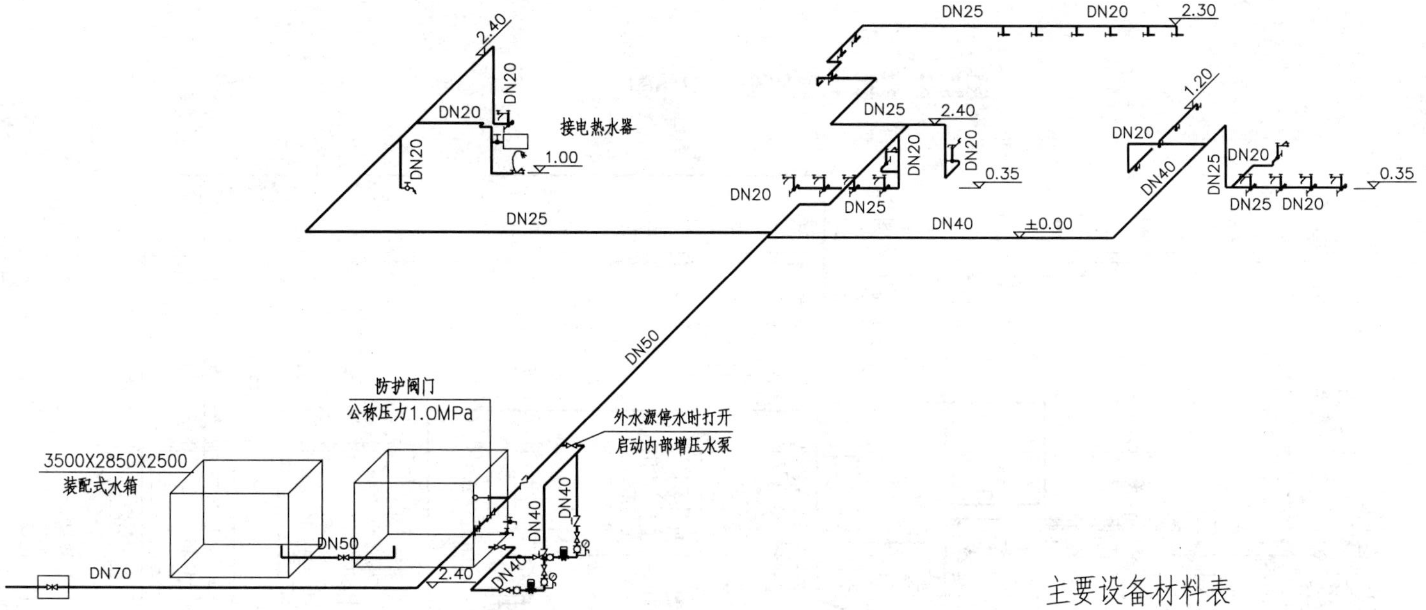

给水系统图

主要设备材料表

序号	名称	规格	单位	数量	备注
1	生活给水泵	ISG40-125	台	2	战时
2	生活污水泵	WQ15-5-0.75	台	2	战时
3	雨水排水泵	WQ20-10-1.5	台	4	平时
4	消防排水泵	WQ20-10-1.5	台	8	平时
5	高水箱蹲式大便器	业主自定	只	9	战时
6	挂式小便器	业主自定	只	4	战时
7	台式洗脸盆	业主自定	只	12	战时
8	电热水器		只	1	战时
9	口部冲洗阀		只	2	战时
10	防爆地漏	DN80	只	5	平时
11	装配式水箱	3500x2850x2500	只	2	战时

说明：1. 图中标高以地下室地坪为±0.00计，排水管标高为管内底标高，给水管标高为管中心标高；

2. 战时出入口接防爆地漏的排水管采用热镀锌钢管，其他埋地排水管采用机制离心排水铸铁管；

3. 防爆波阀门前的给水管（室外及穿墙）采用热镀锌钢管，防护阀门后的给水管（室内）采用PP-R给水管；

4. 除注明外，重力排水管DN100坡度为0.020，DN75坡度为0.025。

图9-14 材料表及战时给水系统图

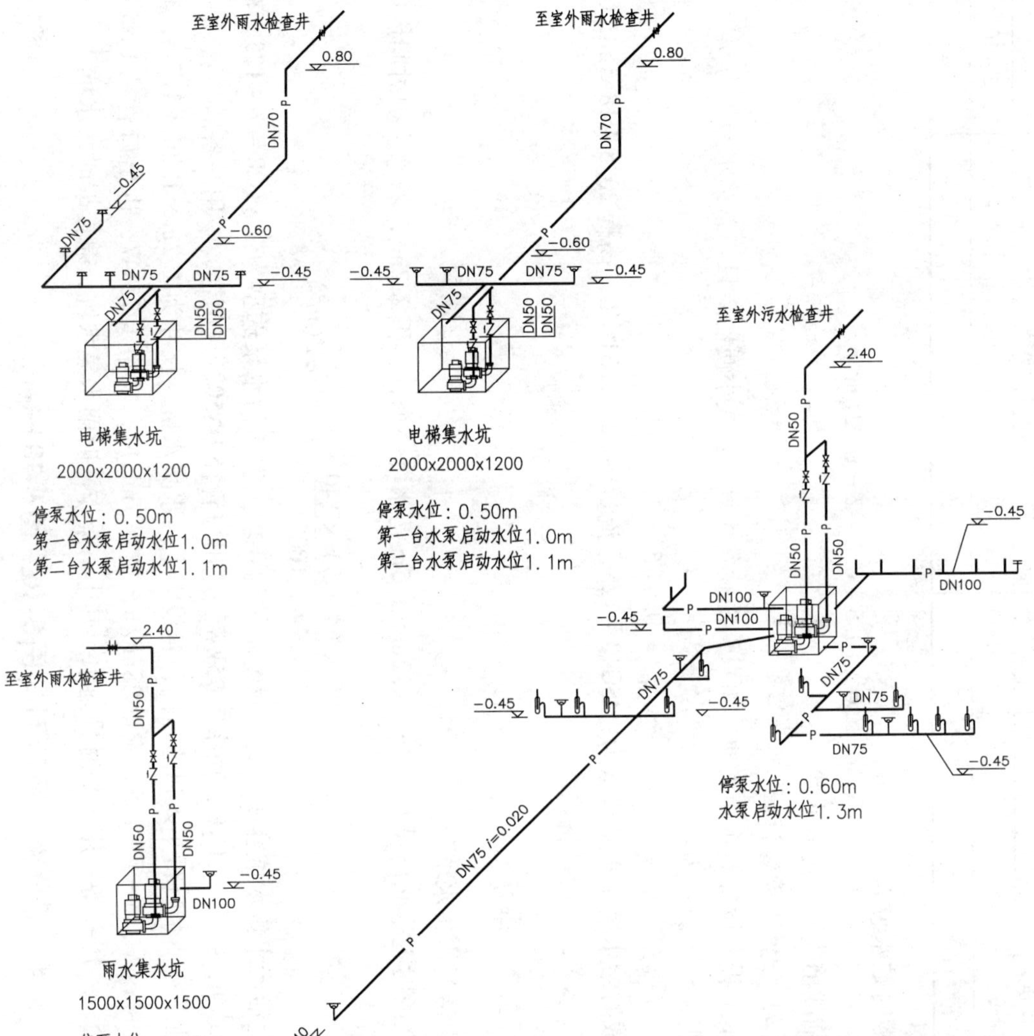

给排水施工设计说明

一、给水系统

1．本工程共设一个人员掩蔽单元，掩蔽人数为400人，设计战时储水量为50m³临战前安装装配式水箱，其水箱容积在满足50m³的要求下，可根据厂家生产情况作适当调整。

2．战时设ISG40－125立式水泵加压供水，在生活用水储水用完后，仅由水箱取饮用水。

3．简易洗消间内设一全沐浴器、一只洗脸盆，口部设冲洗阀一只。

4．各防护单元给水引入管上，在工程内侧设公称压力大于1.0MPa的阀门。

5．消防给水由电梯前室消火栓供给，详见地面建筑消防给水图。

二、排水系统

1．工程内设水冲厕所，污水排入污水集水坑后由污水泵加压排出。污水泵选型为WQ15－7－0.75,一用一备,污水泵出水管上安装公称压力大于1.0MPa的闸阀。

2．自行车通道入口设雨水集水坑及雨水排水泵。

3．消防废水由电梯井下方排水泵排除。

4．战时出入口洗消废水排入消防电梯井，由消防排水泵或移动式水泵排除。

三、管材及施工

1．除工程进水管采用镀锌钢管外，其余给水管材采用PP－P或UPVC给水管材。

2．接防爆地漏的排水管采用热镀锌管，其余规格采用排水铸铁管或给水铸铁管。

3．穿越维护结构的给水引入管、排水管以及所有埋地排水管均与本工程同步施工，其他给水管在穿越工程内非防护密闭混凝土墙体处预留比给水管外径大一个规格的钢套管，钢套管作防锈处理并与墙体内配筋焊接牢固。管道穿越防护密闭处作刚性防水套管，参见S312四型。

4．埋地管材刷热沥青两遍。

图9-15　施工说明及战时排水系统图

9.5 多层住宅附建式防空地下室设计

9.5.1 工程概况

本工程平时做自行车库使用，战时为6级二等人员掩蔽工程，分为1个防护单元，战时掩蔽人数140人。本工程为多层住宅，不设消火栓给水系统。

9.5.2 给水

（1）贮水量计算

按照《人民防空地下室设计规范》GB 50038，本工程无内部水源，外水源为城市自来水，为无防护外水源。计算如表9-6。

表9-6 各防护单元战时贮水量计算表

用水类别	生活用水		饮用水		人员洗消	口部冲洗
标准	标准 [L/（人·d）]	时间 (d)	标准 [L/（人·d）]	时间 (d)	m^3	[L/(m^2·次)]
	4	10	5	15	1～2	5～10
用水量（m^3）	5.6		10.5		0.6	2

战时贮水量为：

$$5.6+10.5+0.6+2=18.2(m^3)$$

临战前安装装配式水箱。

（2）设计秒流量计算

本工程共设置高水箱大便器4只，洗脸盆5只，挂式小便器2只。总给水当量为6。

则设计秒流量为：

$$q_s = 0.6\sqrt{6} = 1.5(s/L)$$

战时给水增压水泵选型为：ISG40－125，流量1.22～2.31s/L，扬程20.5～18.5mH_2O，功率1.1kW，一用一备。

9.5.3 排水

生活污水集水坑计算

在战时卫生间内设有1.2m×1.2m×1.5m污水坑一个，容积2.2m^3，隔绝防护时间内的污水量为：

$$V_{贮} = \frac{1.25\times(4+5)\times140\times3}{24\times1000} = 0.2(m^3)$$

生活污水集水坑容积能满足隔绝防护的要求。生活污水泵选型为：WQ28－7－1.5，流量28m^3/h，扬程7mH_2O，功率1.75kW，进出口管径DN50。选两台，一用一备。

地下室2个自行车入口通道内，各设1个雨水集水坑，尺寸为1.2m×1.2m×1.5m，容积2.2m^3，WQ28－7－1.5。流量28m^3/h，扬程7mH_2O，功率1.75kW，进出口管径DN50。选两台，一用一备。用于平时排雨水。其中一个作平时雨水集水坑，兼作战时污水坑。

9.5.4 部分施工图示例（图9-16～图9-18）

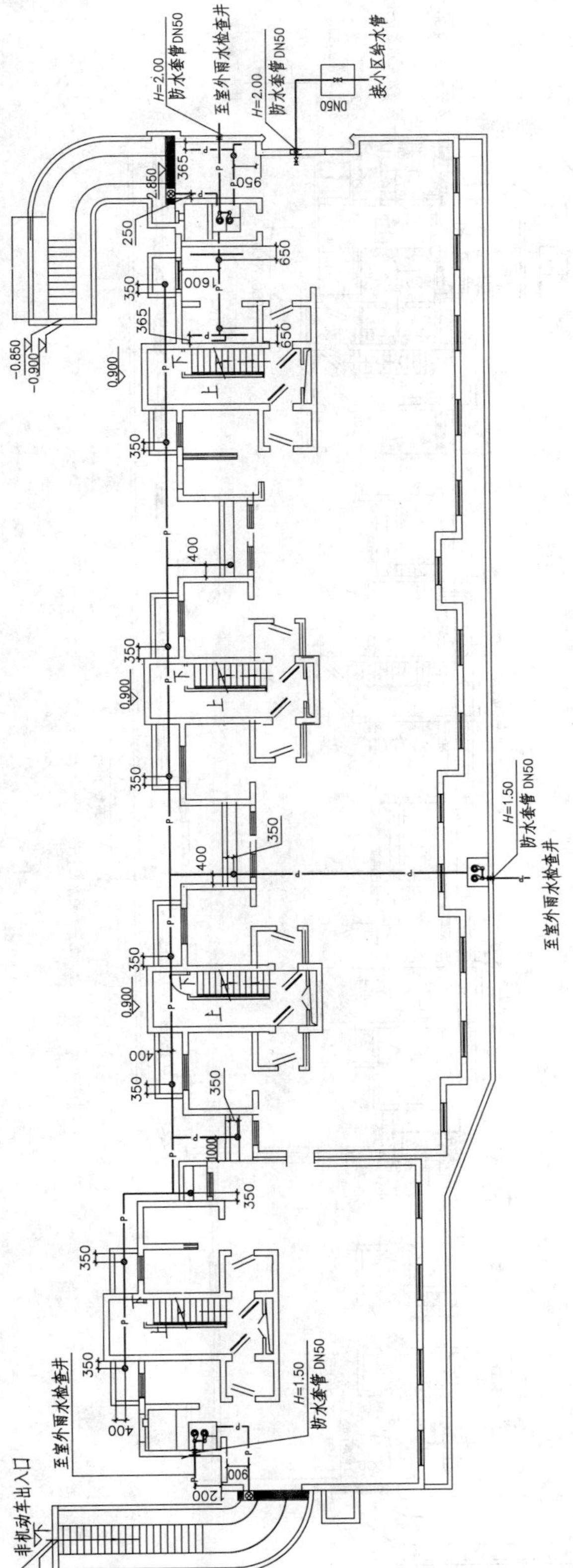

图9-16 平时给水排水平面图

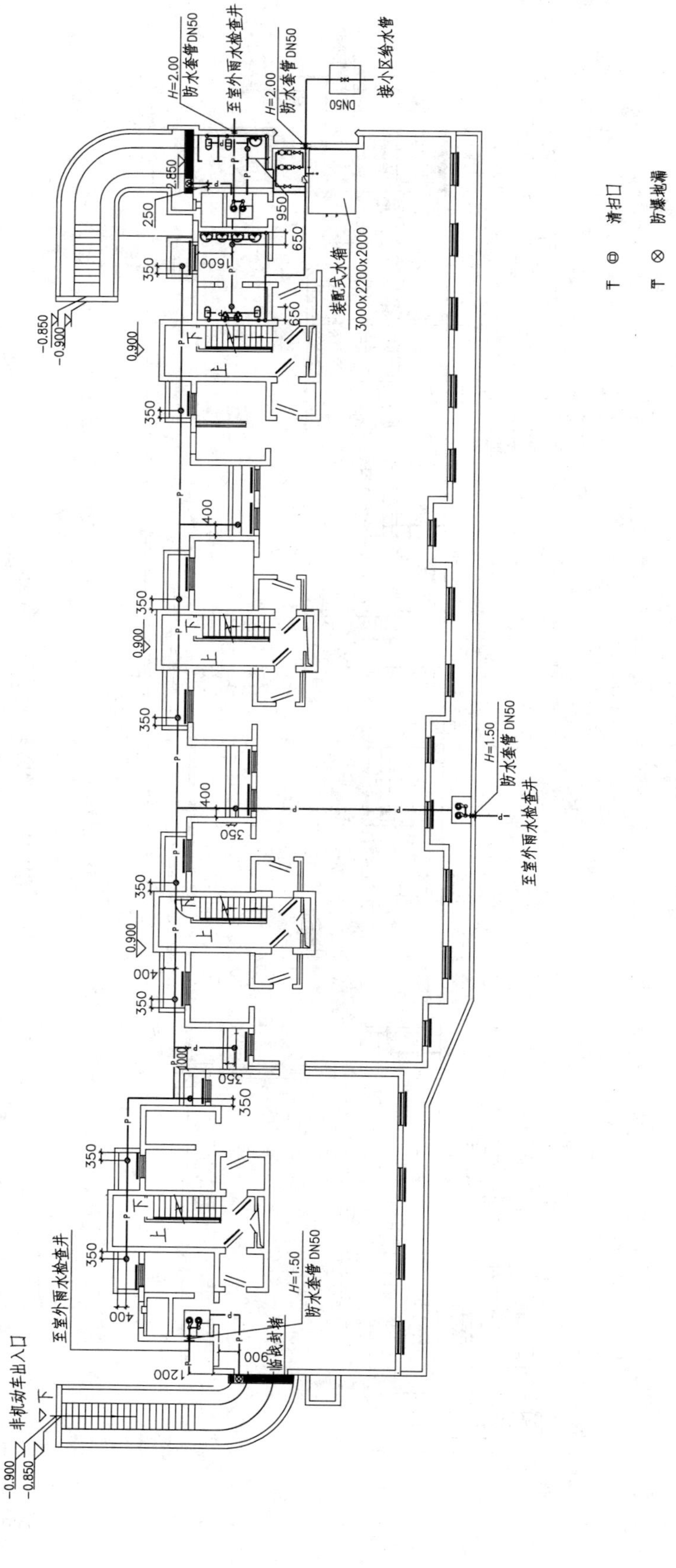

图9-17 战时给水排水平面图

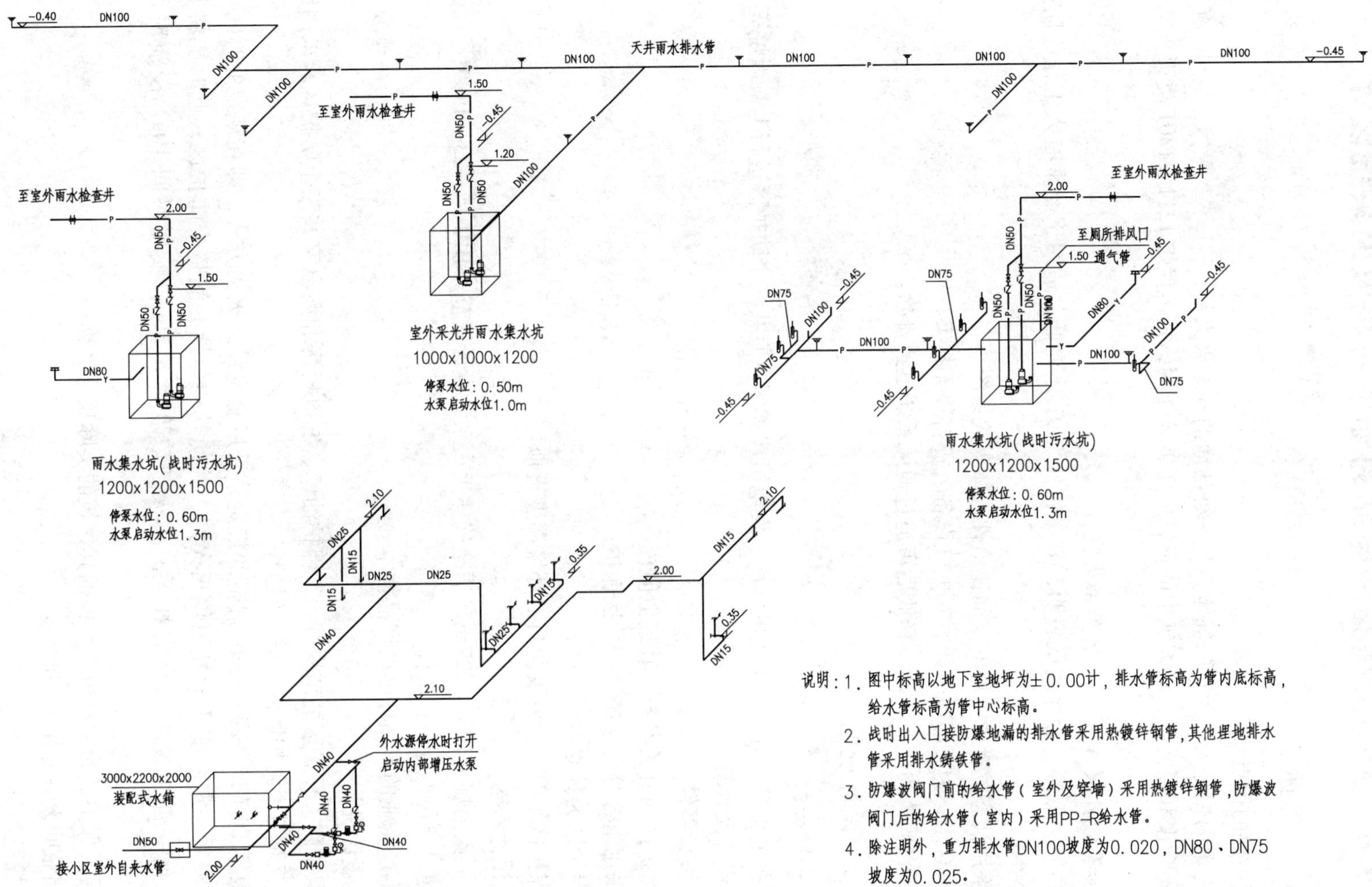

说明：1. 图中标高以地下室地坪为±0.00计，排水管标高为管内底标高，给水管标高为管中心标高。

2. 战时出入口接防爆地漏的排水管采用热镀锌钢管，其他埋地排水管采用排水铸铁管。

3. 防爆波阀门前的给水管（室外及穿墙）采用热镀锌钢管，防爆波阀门后的给水管（室内）采用PP-R给水管。

4. 除注明外，重力排水管DN100坡度为0.020，DN80、DN75坡度为0.025。

图9-18 战时给水排水系统图

9.6 人防工程柴油电站的七氟丙烷灭火系统设计

9.6.1 概述

七氟丙烷的优点

1）七氟丙烷是无色无味的气体，是一种洁净的气态灭火剂；

2）不含溴和氯元素，对大气中的臭氧层无破坏作用，是卤代烷1211、1301类灭火剂的替代品；

3）能有效扑灭A、B、C各类型火灾；

4）高效、低毒，毒性测试表明，其毒性比1301还要低，适用于经常有人工作的防护区；

5）采用液态贮存，占用的空间比惰性气体灭火系统小；

6）不含水，为不导电介质，对电气设备、资料等无损害；

7）不含固体粉尘、油渍，释放后可通过通风系统迅速排除。

9.6.2 设计说明

（1）设计内容

根据业主要求，对人防工程的油库、发电机房和配电室共三个防护区进行七氟丙烷灭火系统工程设计及计算。

（2）设计条件

1）保护区的有关参数取其近似值；

2）采用组合分配系统进行分区保护；

3）保护区为独立封闭空间；

4）保护区平时环境温度与自然环境温度近似。

（3）设计依据

1）《七氟丙烷（HFC—227ea）洁净气体灭火系统设计规范》DBJ 15—23—1999；

2）建设单位设计委托文件；

3）生产企业的产品标准及产品样本。

（4）设计说明

1）根据防火保护区的结构特点，保护油库、发电机房和配电室共三个防护区。采用组合分配系统对三个防护区同时进行保护；

2）根据DBJ 15—23—1999规范的规定，采用全淹没式灭火方式，即在规定的时间内向防护区喷射一定浓度的七氟丙烷灭火剂，并使其均匀地充满整个防护区，此时能将其区域里任何一部位发生的火灾扑灭。灭火剂浓度为8.3%，喷射时间10s，浸渍时间10min；

3）最大保护区为发电机房，根据其建筑的实际尺寸计算；

4）储瓶间设在专用的房间内。

（5）控制方式

系统的控制方式为手动、自动、机械应急手动三种方式。

1）自动控制：即火灾探测系统探测到火警信号后，发出声、光报警，延时30s后，启动灭火装置进行灭火；

2）手动控制：即火灾探测系统探测到火警信号后，由人工手动启动灭火装置进行灭火。本控制在灭火控制盘上进行，不论灭火控制按钮处于哪个位置，只要发出火警，都可以使用该保护区的手动控制按钮进行灭火；

3）机械应急手动：即当火灾探测系统探测到火警信号后，电气部分及控制系统都出现故障时，使用的灭火控制方式。机械应急启动必须在钢瓶间进行，打击应急手柄，听到气动响声后，灭火系统工作。应注意关闭好门窗和风口并确认所有人员已撤离后方可实施。

（6）保护要求

1）保护区必须为封闭独立区域；

2）保护区的通风系统在喷放灭火剂前应关闭；

3）保护区的门必须采用自动防火门，门向外开；

4）在保护区设置声光报警及释放信号标志；

5）为保证人员的安全撤离，在释放灭火剂前，应发出火灾报警；

6）为保证灭火效果，在灭火系统释放灭火剂之前或同时，应保证必要的联动操作，即在灭火系统发出灭火指令时，由报警系统发出联动命令，切断电源、关闭或停止一切影响灭火效果的设备；

7）灭火系统的使用环境温度为0～50℃。

（7）管网要求

1）管道采用无缝钢管，所有管道沿梁底或顶板固定，支吊架安装要求参照现行国家标准《气体灭火系统施工及验收规范》GB 50263的相关要求；

2）直径DN80（含）以上的管道采用法兰连接，其他管道采用丝接；

3）管网系统包括管道及连接件，均需进行内外镀锌处理；

4）喷嘴与管网末端之间用螺纹连接，喷嘴的保护半径小于5m；

5）管网系统安装完毕后，应进行气密性试验，试验介质为氮气或压缩空气，试验压力为4.2MPa，保压3min，压力降不得超过10%；

6）管网强度试验压力为5.3MPa；

7）管网吹扫以30m/s流速的压缩空气或氮气进行；

（8）标志

七氟丙烷输送管道的外表面应涂成红色或用户指定颜色的油漆，在吊顶内或活动地板下等掩蔽场所安装的管道可涂红色油漆色环，宽度一致，间距均匀。

9.6.3　设计计算

1）工程名称：××人防工程

2）工程概述：本工程有三个保护区，采用全淹没式

3）保护区尺寸及保护空间的容积计算（表9-7）

表 9-7　保护房间的容积

	长度 a（m）	宽度 b（m）	高度（m）	容积（m^3）
油库	4.5	4.3	6.6	127.71
发电机房	9.6	5.7	6.6	361.15
配电室	12.9	6.45	6.2	515.87

（4）灭火剂用量计算

灭火剂用量采用公式（9-14）计算，其中灭火浓度取 8.3%，$K=1$，$S=0.13716\text{kg/m}^3$。则油库、发电机房、配电室的灭火剂用量分别为：$W_1=84.3\text{kg}$、$W_2=238.3\text{kg}$、$W_3=340.4\text{kg}$。灭火剂贮瓶按照最大防护区的用量，选用 WLQF—4.2—120L 贮瓶 4 只，每只钢瓶贮存 88kg 灭火剂。实际灭火剂贮量为 352kg。

（5）管网及喷头的布置（略）

（6）管道平均流量计算

灭火剂喷射时间以 10s 计算，管道平均流量按下式计算：

$$Q_w = \frac{W}{t} \tag{9-15}$$

式中 Q_w——管道内灭火剂的平均流量（kg/s）；
W——通过管道的灭火剂量（kg）；
t——灭火剂通过管道的时间（s）。

支管的流量可按下式计算：

$$Q_g = \sum_{1}^{N_g} Q_c \tag{9-16}$$

式中 Q_g——支管平均设计流量（kg/s）；
N_g——安装在计算支管下游的喷头数量（个）；
Q_c——单个喷头的设计流量（kg/s）。

油库灭火剂用量 $W_1=84.3\text{kg}$，钢瓶数 $n=1$ 只。发电机房灭火剂用量 $W_2=238.3\text{kg}$，钢瓶数 $n=3$ 只。配电室灭火剂用量 $W_3=340.4\text{kg}$，钢瓶数 $n=4$ 只。

1）油库

主管流量 $Q_w=8.43\text{kg/s}$，管径初选 DN50；

设两个喷头，支管流量 $Q_g=Q_w\div 2=4.2\text{kg/s}$，管径初选 DN32；

2）发电机房

主管流量 $Q_w=23.8\text{kg/s}$，管径初选 DN65；

单个喷头的设计流量 $Q_c=23.8\div 6=3.97\text{kg/s}$，管径初选 DN32；接两个喷头的支管流量为 $3.97\times 2=7.94\text{kg/s}$，管径初选 DN50；接 4 个喷头的支管流量为 $3.97\times 4=15.88\text{kg/s}$，管径初选 DN65。

3）配电室

主管流量 $Q_w=34\text{kg/s}$，管径初选 DN65；

单个喷头的设计流量 $Q_c=34\div 6=5.6\text{kg/s}$，管径初选 DN32mm；接两个喷头的支管流量

为 $5.6\times2=11.2$kg/s，管径初选 DN50；接 4 个喷头的支管流量为 $5.6\times4=22.4$kg/s，管径初选 DN65。

（7）管段阻力损失计算

管道阻力损失可按下式计算：

$$\Delta p=\frac{5.75\times10^5\times Q^2}{\left(1.74+2\log\dfrac{D}{0.12}\right)^2\times D^5}\times L \tag{9-17}$$

式中 Δp——计算管段的阻力损失（MPa）；

L——计算管段的长度（m）；

Q——管段的流量（kg/s）；

D——管道的内径（m）。

或者按规范查计算表。对于比较简单的系统，也可按 0.003 ~0.02MPa/m 进行估算。

本工程根据各管段的实际长度 L、管段流量 Q 及初选的管径，查表计算（过程略），得到油库、发电机房及配电室的最不利管路总压降分别为：0.36、0.50、1.10MPa。管段内容积分别为 0.012、0.053、0.083m^3。

（8）喷放“过程中点”贮存容器内压力

$$P_m=\frac{P_0V_0}{V_0+\dfrac{W}{2\rho}+V_p} \tag{9-18}$$

式中 P_m——喷放“过程中点”贮存容器内压力（MPa）；

P_0——贮存容器额定压力（MPa），规定为 4.2 +0.125MPa；

V_0——喷放前全部贮存容器内的气相总容积（m^3）；

W——药剂灭火设计用量（kg）；

V_p——管道内容积（m^3）。

V_0按下式计算：

$$V_0=n\cdot V_b\left(1-\frac{\eta}{\rho}\right) \tag{9-19}$$

式中 n——贮存容器的数量（个）；

V_b——贮存容器的容量（m^3）；

η——充装率（kg/m^3）。

充装率按下式计算：

$$\eta=\frac{W_s}{n\cdot V_b} \tag{9-20}$$

式中 W_s——系统药剂设置用量（kg）；

ρ——液体密度（kg/m^3），20℃时为 1407kg/m^3；

钢瓶数 $n=4$，每个钢瓶容积为 $V_b=0.12m^3$，每只瓶剩余量按 5kg 计，则 $W_s=340.4+4\times5=360.4$（kg），则：

$$\eta=\frac{360.4}{4\times0.12}=750.8\ (\text{kg/m}^3)$$

$$V_0 = 4 \times 0.12 \times \left(1 - \frac{750.8}{1407}\right) = 0.224\ (\mathrm{m}^3)$$

$$P_\mathrm{m} = \frac{4.2 \times 0.224}{0.224 + \frac{340.4}{2 \times 1407} + 0.083} = 2.20\ (\mathrm{MPa})$$

（9）高程压力计算

$$P_\mathrm{h} = 10^{-6} \cdot \rho \cdot H \cdot g \tag{9-21}$$

式中 P_h——高程压力（MPa）；

H——喷头高度相对于“过程中点”时贮存容器液面的位差（m）；

g——重力加速度（9.8m/s^2）。

$H = 2.8$m，则：

$$P_\mathrm{h} = 10^{-6} \times 1407 \times 2.8 \times 9.8 = 0.039(\mathrm{MPa}) \tag{9-22}$$

（10）喷头工作压力计算

喷头工作压力按下式计算：

$$P_\mathrm{c} = P_m - \sum_1^{N_\mathrm{d}} \Delta p \pm P_\mathrm{h} \tag{9-23}$$

式中 P_c——喷头工作压力（MPa）；

$\sum_1^{N_\mathrm{d}} \Delta p$——系统流程总阻力损失（MPa），$N_\mathrm{d}$ 是计算管段的数量；

P_h——高程压头（MPa），向上为正值，向下取负值。

$P_\mathrm{m} = 2.2$MPa，$P_\mathrm{h} = 0.039$MPa，减去各防护区管段的总阻力损失，则油库、发电机房及配电室喷头工作压力分别为：

$$2.2 - 0.36 + 0.039 = 1.88\ (\mathrm{MPa})$$

$$2.2 - 0.50 — 0.039 = 1.74\ (\mathrm{MPa})$$

$$2.2 - 1.10 + 0.039 = 1.14\ (\mathrm{MPa})$$

（11）喷头孔口面积计算

$$F_\mathrm{c} = \frac{10Q_\mathrm{c}}{\mu\sqrt{2\rho P_\mathrm{c}}} = \frac{Q_\mathrm{c}}{q_\mathrm{c}} \tag{9-24}$$

式中 F_c——喷头孔口面积（cm^2）；

Q_c——单个喷头的设计流量（kg/s）；

P_c——喷头工作压力（MPa）；

μ——喷头流量系数；

q_c——喷头计算单位面积流量［kg/(s · cm^2)］，该值可根据喷头工作压力，从厂家提供的喷头流量曲线查取。

油库喷头工作压力 1.88MPa，$q_\mathrm{c} = 3.3$kg/(s · cm^2)，$Q_\mathrm{c} = 4.2$kg/s，则：

$$F_\mathrm{c} = \frac{4.2}{3.3} = 1.27\ (\mathrm{cm}^2)$$

发电机房喷头工作压力 1.74MPa，$q_\mathrm{c} = 3.2$kg/(s · cm^2)，$Q_\mathrm{c} = 3.97$kg/s，则：

$$F_\mathrm{c} = \frac{3.97}{3.2} = 1.24\ (\mathrm{cm}^2)$$

配电室喷头工作压力1.14MPa，$q_c=2.15kg/(s\cdot cm^2)$，$Q_c=5.6kg/s$，则：

$$F_c=\frac{5.6}{2.15}=2.6\ (cm^2)$$

根据喷头的孔口面积及厂家提供的喷头规格表，可选取喷头。

（12）压力验算

对各防护区喷头的工作压力进行验算，$P_c\geqslant0.5MPa$，且$P_c\geqslant P_m\div2$，符合规范要求。

贮瓶充装率750.8kg/m³，符合规范小于1150kg/m³的要求。

10　人防工程给水排水施工图审查与报批

人防工程的设计图纸需要报人防办公室或其指定的审图单位进行审查，这是保证人防工程设计质量的重要措施。

10.1　依　　据

1）《建设工程质量管理条例》（国务院令第279号）；
2）《××市人民防空管理办法》；
3）《人民防空工程建设管理规定》（〔2003〕国人防办字第18号）；
4）《人民防空工程施工图设计文件审查暂行办法》（［2001］国人防办字第90号）。

10.2　申 报 材 料

1）“人防工程施工图审查申请表”；
2）“防空地下室建设意见书”；
3）规划部门关于报审方案的历次复文（复印件）；
4）人防工程施工图设计的全套图纸及文件一式2份。

10.3　审 批 内 容

根据国家有关法律、法规及有关强制性规范、标准对人防工程防护、建筑、结构、通风、水、电等专业进行施工图审查。

10.4　申 办 流 程

1）应建防空地下室的民用建筑项目申领建设工程施工许可证时，应当附送人防部门出具的“防空地下室施工图审查批准书”；

2）备齐资料送交市人防办人防业务受理处，申办人凭有效证明，经窗口登记后，领取回执；

3）市人防办在规定的工作日内出具“人防工程施工图审查意见书”，申办人凭回执来取。

10.5　审 批 权 限

市人防办统一负责全市的防空地下室施工图审查，核发“人防工程施工图审查意见书”。

10.6 人防工程设计专项审查提交图纸

(1) 人防建筑图纸

1) 人防设计说明及防护设备表;
2) 总平面图及首层平面图;
3) 人防地下室平面图及剖面图;
4) 人防层与首层之间的各层平面图(如人防层在负三层);
5) 人防各口部平、剖面大样图;
6) 电缆防爆波井及人防门吊钩图;
7) 人防各专业预留预埋孔框图。

(2) 人防结构图纸

1) 人防结构计算书;
2) 人防结构设计说明;
3) 人防层的全套结构(顶底板、顶底板梁、内外墙、门框墙)配筋图;
4) 战时主要出入口楼梯或车道配筋图;
5) 战时主要出入口的加强图、防倒塌棚架预埋件图;
6) 电缆防爆波井配筋图。

(3) 人防通风图纸

1) 人防通风设计说明
2) 人防通风设备材料及安装时限表;
3) 人防地下室战时通风平面图及原理图;
4) 人防进排风口部平、剖面图;
5) 人防通风大样图;
6) 人防电站通风详图(设有电站时);
7) 人防地下室平时通风平面图。

(4) 人防给排水图纸

1) 人防给排水设计说明;
2) 人防给排水设备材料及安装时限表;
3) 人防地下室战时给排水平面图及系统图;
4) 人防给排水大样图;
5) 人防地下室平时给排水平面图及系统图;
6) 人防地下室所在层的上一层平时给排水平面图;
7) 人防地下室平时消防(消火栓和喷淋)平面图及系统图。

(5) 人防电气图纸

1) 人防电气设计说明;
2) 人防地下室战时电气平面图及系统图;
3) 人防电气设备材料及安装时限表;
4) 人防电气控制原理图;

5）人防电气大样图；

6）电站平面布置图、机电联络信号原理接线图（设有电站时）；

7）人防地下室平时动力、照明及消防平面布置图。

计算书一式一份，其余图纸为一式多份，一般为2～3份。另外，报人防工程设计专项审查需填写“人防工程设计专项审查设计人员表”，有些地区要求设计人员必须参加过“人防工程设计培训班”，经考核通过获得专项资格证书的设计人员才能进行人防工程的设计。

附录 “网站给排水论坛”常见人防工程给排水设计问题的解答

网络是给排水专业设计人员进行交流、互相帮助和学习的好工具。本章以网易“土木在线”的给水排水论坛中，设计人员提出的一些典型问题，作答复，供参考。

登录方式是登录：http：//www. 163. com后点击首页上的“土木在线”，如果没有注册，需按要求进行简单的注册，然后就可马上下载资料或发贴。

(1) 对于人防工程内消防管道穿越人防围护结构时，防爆波阀可否用普通闸阀Z44T－10代替？

答：在人防工程内部穿越防护单元之间隔墙的消防管道，在管道穿墙的两端需要设置阀门，该阀门采用公称压力大于（或等于）1. 0MPa的普通铜芯闸阀。由于人防工程不考虑战时的消防问题，临战前这种消防管道需要关闭。对消火栓给水管道，这类起防护作用的阀门宜与系统的检修阀门相结合，以减少阀门的设置数量。对于自动喷水管道系统，为减少管道上阀门的设置数量，也可以在需要装阀门处设置法兰盘，临战时，用法兰片将管道封堵。

(2) 大家好！我现碰到一个比较急的问题，想请教大家，下部是有人防工程的地下室，上部的高层住宅，且地下室的顶板就是上部建筑的底板，请问这该怎么做？

答：需要和建筑专业协商，可采取的措施有：

1) 做夹层，上部的排水管道从人防工程顶板与一层地板间的夹层走，避免排水管进入人防工程；

2) 将上部建筑管道集中，设管道井，管道井进入地下的部位，管道井划在非人防区内；

3) 在排水管数量很少的情况下，全面做夹层不经济，对进入人防工程的管道做局部混凝土包裹，具体做法在《全国民用建筑工程设计技术措施—防空地下室》中有介绍。

(3) 人防工程内的消火栓、喷淋系统何时使用？是平时使用？那么战争时期消防如何考虑？

答：人防工程内的消火栓及喷淋系统是供平时使用的，在设计上按平时的使用功能、面积等确定消防设施的设置。目前的《人民防空工程战术技术要求》中，对战时的水灭火系统未做要求，固人防工程的相关规范均未要求战时设置水消防系统。

(4) 我在做地下人防工程，审图办提出要设置灭火器，询问过一些朋友，也没见别人做过，请教大家了，是否要设置灭火器，设置的危险等级是什么，谢谢！

答：按《建筑灭火器配置设计规范》GB J140进行灭火器的配置。具体计算方法可参照本书的设计示例。

(5) 我现在设计一个人防工程，其中有一个战时干厕，请教各位专家该如何处理？

答：对目前量大面广的人员掩蔽工程，人防规范要求设置干厕所。有些地区的人防部门要求设水冲厕所。干厕所有不少产品，如很多风景区设置的干厕，每次使用时有个塑料袋套在便器下，上完一个后，密封、重套新的。人防部门目前对干厕的设置未做统一要求，也没有推荐某一项产品，只是要求建筑专业预留干厕的位置。因为平时不用，仅战时使用，又不涉及到人员生存或安全的产品，如果造价高，没有人愿意投资，临战前难以被安装就位。

在具体设计上，宜根据防护单元战时生活污水量的大小，来确定是否设置生活污水池。如果掩蔽人员多，污水量大，应设置污水池及污水泵、预埋污水泵的出水管。如果掩蔽人员少，污水量小，可以不设污水池。

（6）穿越人防围护结构，消防管道要加设防爆阀门吗？有朋友说只要加1.60MPa的阀门，是否可行？

答： 不需要设置防爆波阀门，因为防爆波阀门除具有防爆的作用外，最大的用处是战时不需要将阀门关闭，可以保证管道与外部的畅通。消防管道战时不用，可以临战前将该阀门关闭，用符合压力要求的普通闸阀替代防爆波阀门是可行的，并且是一种应该推荐的做法，既经济，又可靠。对于阀门的工作压力要求，规范规定是不小于1.0MPa，选用符合规范要求的合格产品即可。

（7）请教大家防空地下室平时作为汽车库使用，集水井设置需要注意什么？

答： 汽车库的集水井设置需注意以下几点：

1）在室外道路进入汽车库下坡道入口处设一条截水明沟，该明沟的水排至室外道路的雨水管，防止道路上的雨水顺着坡道大量进入地下室。

2）在汽车坡道进入地下室的入口处设一条截水明沟，该截水沟截留坡道流入的雨水。该截水沟的雨水，可以引至人防工程防护密闭门外设置的集水井，也可通过防爆地漏引至人防工程内的集水井。

3）汽车库内集水井的设置，要根据车库面积的大小来考虑。对大型的车库，一般设收集地面冲洗水的明沟，在沟的一端设集水井。对中、小型车库，一般直接设集水井，利用地面的坡度，收集地面冲洗水。

4）集水井内排水泵的选择，一般结合排消防废水、雨水来考虑，工程内几台排水泵的流量之和，可略小于消防给水量。

5）集水井的容积要便于水泵的安装、检修，并兼顾水泵启动次数的要求。如果平时有雨水流入，容积可略大一些，如果仅收集地面冲洗废水，容积可略小一些。

6）污水泵出水管一定要按要求设置止回阀及截止阀（或闸阀），防止雨水倒灌。如汽车库发生雨水倒灌，往往会造成很大的财产损失。

（8）我现在做的项目，六栋高层住宅，各栋楼地下一层均为人防地下室，消防立管和喷淋立管均穿过地下一层顶板。有人说，穿过顶板的管道管径不能超过DN75，而本项目的消防立管管径为DN100，喷淋立管管径为DN150。这样不是不符合规范了吗？请问各位专家，规范中是否对此有强制性规定，怎么规定的？

答：《人民防空地下室设计规范》2003版及以前的版本均规定，穿防空地下室顶板的管道不能超过DN75。该规范2005年做了全面的修订，新版本中允许DN150的消防管道穿防空地下室的顶板。

（9）请教各位，规范说人防给水管材应采用镀锌钢管，但是对饮用水管道，可以用其他管材吗？

答： 人防工程穿围护结构的管段要求采用镀锌钢管，在防护阀门以后的管道，由于不受冲击波的作用，可以采用其他管材。

（10）高层建筑人防地下室设柴油发电机房，按“人防防火规范”GB 50098 要设气体灭火，按“高规”（GB 50045）要设自动喷水灭火系统，大家看应该怎么办？

答：各地消防部门在具体要求上会有所不同。实际上这两个规范只是要求设置相应的灭火系统，并没有说设置其他的灭火系统就不可行。一般根据工程内水源、需要设置灭火系统房间的数量等因素，进行经济比较，选设其中一种就可以了。设置自动喷水灭火系统在造价上要低一些，但战时自动喷水灭火系统由于管道、阀门系统地转换，在战时是不能保障其灭火功能的。如在柴油发电机房设置独立的气体灭火系统，不仅平时能用，在战时也能发挥作用。

（11）人防地下室水流指示器的设置是每个抗爆单元设置一个，还是每个防护单元设置一个？往往一个防护单元包含两个抗爆单元。战时人防为两个分区，而平时为一个防火分区，那么喷淋的水流指示器应该做几个？

答：防空地下室中的水流指示器按防火分区设置，每个防火分区设一个。抗爆单元是在防护单元中，由临战时砌筑的隔墙分隔成的，在消防系统的设计上，可以不考虑它的存在。

（12）有谁知道人防地下室水箱出水用给水泵怎样选择？

答：人防工程战时水箱供水，需要根据工程的等级、功能、规模及战时的供电条件等因素确定。如果是普通的人员掩蔽工程，战时掩蔽的人数少，供电无保障，可采用手摇泵供水或架高水箱供水。战时电源有保障的，尽可能设水泵增压供水，推荐选用普通的离心水泵，这样便于临战准备。

（13）现做一高层综合楼地下室带人防。施工图出了后，人防办审查说应该按照人防办的规范设计地下人防。我们设计院都是按照国家通用人防规范设计地下人防的。可是人防办的说应该按照他们的（内部使用）规范设计。

答：我国有部分地区的人防部门，根据当地的经济发展水平，对人防工程的设计提出了一些特别的要求。人防工程设计的国家规范是一个可行规范，是一种最基本的要求，各地制定的规定、标准只能高于国家规范的要求，不能降低要求。

如果对一个地区人防主管部门的特殊要求不熟悉，首先了解他们在设计、施工验收等方面的一些具体要求是很有益的。对地方规定有不理解或认为不确当的，可以和相关部门进行学术探讨和交流。

（14）污水坑透气管的设置有什么要求？到底什么是污水坑？什么是废水坑？

答：污水坑透气管的设置原则，在《人民防空地下室设计规范》2005 版中做了比较详细的规定。原则上平时需要使用的生活污水池要设透气管，仅战时使用的生活污水池不需要设透气管。其他的如雨水集水坑、洗消废水集水坑等，可不设透气管。习惯上将生活污水称为“污水”，将其他不含生活污水的杂排水称为“废水”。

（15）防空地下室防护密闭门以外集水坑的容积是如何确定的？

答：该集水坑的设置是为了收集口部的墙、地面冲洗的洗消废水，便于采用移动水泵将洗消废水排除干净。可以是一边冲洗洗消、一边排水；也可以在口部有一定的临时积水。因此，其容积以便于移动水泵安装、排水为原则，不宜过小，也不宜太大，长、宽、深的尺寸多数在 0.6～1.0m 之间。

（16）消防泵房、生活给水泵房放在防空地下室内还是室外好？

答：需要根据具体工程情况进行分析，一般需要注意两点：

1）如果出入泵房的管道多，尽量将泵房划在非人防区。

2）如泵房划在人防区内，出入的管道宜从人防工程的侧墙进出，这样便于防护。

（17）一个车库（60 辆车），做了人防设计，里面为人防需要设置了些房间，比如说滤毒室、进风机室、隔声套间、防化值班室、战时男干厕、女干厕等。车库里其他地方都设置了喷头，这些地方还用设置吗？

答：喷头的设置要根据各房间平时的具体使用功能确定。如滤毒室、进风机房等是临战前砌筑出来的，平时该位置是汽车位，则一定要设喷头。人防中的密闭通道、防毒通道、洗消间，由于面积小、无可燃物不需要设喷头。

对未明确平时使用功能的房间，以设为好，在施工和使用时，可以根据使用功能做适当调整。

（18）人防六级的车库消防系统的消防泵房是不是一定要放在人防的车库内？在人防车库外独立建消防泵房行不行？

答：可以不建在人防车库内，宜由主体建筑或小区的其他消防系统供水，以节约造价。

（19）有一个平战结合的人防地下室，平时作为停车库，战时为二等人员掩蔽所。按消防规范，平时停车库设有自动喷淋和消火栓系统，两系统的主干管从非人防区引进人防区内，但两水平干管均从临战时才封堵的位置引入，因此，我认为在临战封堵时，将穿过此处的管段拆除就行了，而不必再加设防爆波阀，但不知战时是否还需保证喷淋和消火栓系统的完整？

答：引入人防的消防管道多数从侧墙或顶板进入。如果从临战封堵口进入，在该处设置便于拆除的短管就可以了。临战前，所有穿临战封堵口的管线都要被拆除。战时不要求消防系统的完整，但要考虑便于恢复。

（20）用钢管的排水与防爆地漏如何的连接，另外钢管没有存水弯，用弯头可以吗？

答：与防爆地漏连接的排水管多采用镀锌钢管，丝扣连接。防爆地漏有水封，多安装在排雨水、地面冲洗废水处，排除的是非生活污水，一般在其排水管上不再设存水弯。

参考文献

[1] 中华人民共和国人民防空法. 1996
[2] 总装备部电子信息基础部编. 核武器装备. 北京：原子能出版社，2003
[3] 总装备部电子信息基础部编. 化学、生物武器与防化装备. 北京：原子能出版社，2003